作者简介

李贵生：博士，教授，主要从事龟鳖类的繁养殖及病害防治研究工作。对三线闭壳龟、黑颈乌龟、安南龟、黄缘闭壳龟、黄喉拟水龟、平胸龟、乌龟、中华花龟、鳄龟、红耳龟、安布闭壳龟、大东方龟、中华鳖和山瑞鳖等的繁殖生态、人工养殖技术及病害防治等方面进行了系统研究。发表论文100多篇，出版了《人工养龟》和《龟中奇葩：黑颈乌龟》等专业著作，现兼任全国龟行业专家技术委员会副主任、全国龟鳖健康养殖技术协作委员会主任、中国动物学会两栖爬行动物学分会理事及广东省动物学会理事等职。

杨火廖：1973年10月生，广东省茂名市电白区人，18周岁应征入伍，退伍后，自强不息，经过近20年的艰苦创业，现已成为拥有年产值超亿元、全国为数不多的龟鳖养殖产业集团的著名企业家。至今，其所创办的广东省电白区星火水生野生动物养殖场已经发展为总投资3.5亿元，占地75亩，拥有3.5万平方米仿生态养殖楼及其他相关现代化水产养殖配套设施齐全的生态养殖产业基地，并于2014年4月10日被广东省评为第一个省级黄喉拟水龟良种场。

个人荣誉：

2011年11月14日应军事写作学会邀请，参加了在人民大会堂新闻发布厅举行的《走出军营的老兵》出版发行暨赠书仪式，并向首长及中央军委领导汇报自己的创业体会。

2012年4月被授予“电白县劳动人民模范”称号。

2012年8月1日被评为复退军人“十大创业之星”。

2013年被评为茂名市优秀农村实用人才。

2015年1月由共青团中央、农业部授予“全国农村青年致富带头人”荣誉称号。

他以社会公益为己任，以发展利国利民的生态产业为目标，不断地施惠于民，帮助当地乡亲及全国各地有志之士创业致富。他将企业的影响力与正能量不断扩大，必将在当今社会产生深远的影响力和感召力。

袁金标：1967年生，广东省东莞市茶山镇坑口村人。

1987年在东莞市农业技术学校读书。1988年至今从商。

1990年开始业余养殖与销售龙鱼、日本锦鲤等观赏鱼。

2000年开始养殖三线闭壳龟、黄喉拟水龟、黑颈乌龟、安南龟和黄缘闭壳龟及其杂优品种龟。

2012年成立东莞市茶山金龟唛名龟研究所。

经济动物养殖新技术丛书

龟类健康养殖

The Healthy Aquaculture of Turtle

李贵生　杨火廖　袁金标　主编

暨南大學出版社
JINAN UNIVERSITY PRESS

中国·广州

图书在版编目（CIP）数据

龟类健康养殖 / 李贵生，杨火廖，袁金标主编．—广州：暨南大学出版社，2015.12
ISBN 978-7-5668-1718-1

Ⅰ．①龟… Ⅱ．①李… ②杨… ③袁… Ⅲ．①龟科—淡水养殖 Ⅳ．①S966.5

中国版本图书馆CIP数据核字（2015）第301361号

出版发行：暨南大学出版社

地　址：中国广州暨南大学
电　话：总编室（8620）85221601
营销部（8620）85225284　85228291　85228292（邮购）
传　真：（8620）85221583（办公室）　85223774（营销部）
邮　编：510630
网　址：http://www.jnupress.com　http://press.jnu.edu.cn

排　版：广州市科普电脑印务部
印　刷：广东广州日报传媒股份有限公司印务分公司

开　本：787mm × 1092mm　1/16
印　张：9.5
字　数：210千
版　次：2015年12月第1版
印　次：2015年12月第1次

定　价：48.00元

《龟类健康养殖》

编委会

主　编　李贵生　杨火廖　袁金标

副主编　顾博贤　鲁义善　毕悦　邝志祥　曾德利　陈美惠

编　委　林忠　李旭东　蓝师胜　夏迭强

前　言

近年来，龟类的人工养殖如火如荼，呈现出一片繁荣的景象。但也出现了不少问题，如水质污染、病害频发、用药不规范、病原菌的耐药性不断增加、龟病的治疗越来越困难等，如不采取有效措施，养龟业的发展将会受到严重影响。

引起龟病主要有三方面因素：一为龟本身的因素，二为环境因素，三为致病因素。龟本身的因素主要为龟抵抗力的强弱，这与龟的免疫状态、营养状况及种质资源有关。环境因素包括水体理化因子、水体酸碱度、气候及温度等因素。致病因素主要为各种病原体，如病毒、细菌、真菌及寄生虫等。这三种因素互相影响，互相制约，共同作用于疾病发生与发展的各个环节。如龟的抵抗力强，即使环境较恶劣和病原体较多，龟也不易患病。如环境条件好，龟的抗病力也会增强，也不易感染疾病。病原体较多时，可削弱龟的抵抗力，在环境条件不好的情况下最易患病。龟的耐受性较强，生理代谢较慢，疾病初期不易发现，到发现龟患病时一般都比较严重，较难治疗。因此，对龟的疾病应以预防为主，治疗为辅，即采取综合性防治措施。

龟类的健康养殖是防治龟类疾病的有效手段，应大力提倡。为了推广健康养殖技术，树立健康养殖理念，使龟类养殖业能健康发展和长盛不衰，我们编写了此书。书中主要介绍了常见的养殖龟类和健康养殖技术，不涉及龟病的防疗。龟类疾病的治疗可参考笔者拙作《龟鳖病害学》。

李贵生

2015. 10

目　录

第一章　龟类人工养殖

第一节　龟类养殖概况

一、龟类养殖历史

龟类的人工养殖在我国具有悠久的历史，这与我国的龟文化有关。龟文化的历史渊源可追溯到史前年代（6 800年前）。在3 000多年前的商代，龟甲就成为人们占卜的工具。在现代，据媒体报道，2015年5月3日，由国内众多能工巧匠精雕细刻的一座高3.7 m、宽5.7 m、长9 m、重达501 t的墨玉石“神龟”，在河北省唐山市曹妃甸区柳赞镇蚕沙口村神龟潭精彩亮相，正式落成（图1–1）。这表明龟文化具有深厚的群众基础。

图1–1　神龟雄姿（李连君摄影）[①]

早在商代，我国就已开始驯养龟类。《周礼·春官·宗伯》记载：“龟人掌六龟之属……凡取龟用，秋时，攻龟用，春时，各以其物，入于龟室……若有祭事，则奉龟以往。”商周时期占卜盛行，占卜需消耗大量龟甲，征收和进贡的龟需短期饲养，经挑选后取龟甲用于占卜。古代有关驯养龟类的记载可见于多部古籍中，如《史记·龟策列传》中记载：“江傍家人常蓄龟饮食之，以为能导引致气，有益于助衰养老。”这些史书中的记载，充分说

① 图片来源：http://www.qulaoting.com/dbjq/2015/0509/2375.html。

明了我国古代就已经散养龟类。但龟类的规模化养殖，只是最近20多年的事。

二、龟类人工养殖现状

20世纪70年代以前，人们主要靠野外捕捉来满足对龟类的需求，尚未开展人工养殖。从20世纪70年代开始，人们对龟的利用增加，为了适应形势发展的需要，一些科研单位如暨南大学爬行动物养殖场，对三线闭壳龟和山瑞鳖的人工繁殖技术进行了研究，之后又对乌龟、黄喉拟水龟、黄缘闭壳龟、平胸龟、黑颈乌龟、四眼斑水龟、地龟、中华花龟、金头闭壳龟、鳄龟、安南龟、红耳彩龟、安布闭壳龟、大东方龟及中华鳖等龟鳖类的人工养殖技术进行了研究。此后，1985年湖南省农林厅科教处下达了“乌龟养殖技术的研究”项目，湖南汉寿县特种水产研究所开展了乌龟的养殖试验。这些研究成果为以后开展龟类的大规模人工养殖奠定了基础。

20世纪90年代初，全国仅有少量的龟类养殖和少数的龟类养殖户，但龟类的需求量却逐年增加，龟的价格也不断上升，从而吸引众多投资者进入养龟行业。20世纪90年代中期，我国首次出现了养龟热，养殖种类主要为乌龟和红耳彩龟，也有少量养殖黄喉拟水龟、三线闭壳龟和黄缘闭壳龟。到20世纪90年代后期，在湖南、湖北、浙江、江苏和山东等省份，各种规模的养龟场不断涌现，并取得了良好的经济效益和社会效益。至2000年，乌龟、黄喉拟水龟、三线闭壳龟、黄缘闭壳龟、鳄龟及红耳彩龟等龟类的养殖开始兴旺发达。到2002年底，我国有年产10万～20万只龟苗规模的养殖场8家，年产1万只龟苗规模的养殖场达100余家，年产100～1 000只龟苗规模的养殖场则多达上千家。养殖场主要分布于广东、广西、湖南、湖北、江苏、浙江、江西、海南、河南、安徽、山东和福建等省或自治区。此时的养殖种类主要有乌龟、红耳彩龟、黄喉拟水龟、鳄龟、三线闭壳龟和黄缘闭壳龟等，一些稀有种类如周氏闭壳龟和金头闭壳龟亦有少量饲养。此后，龟类的养殖进入了调整阶段和特色养殖阶段，即乌龟和红耳彩龟等常见养殖种类因价格下跌而养殖减少，而黄喉拟水龟和三线闭壳龟因需求量增加和价格上升而养殖扩大。还出现了一些特色养殖，如各种国产闭壳龟的养殖和进口观赏龟的养殖，使养殖种类逐渐多元化，并形成了饲养、繁殖、加工、销售一条龙的产业模式。近几年来，龟类的人工养殖迅速崛起，特别是黑颈乌龟、黄缘闭壳龟、安南龟、三线闭壳龟和黄喉拟水龟等名龟的养殖，独树一帜，展现出广阔的前景。从国外引进龟类的力度不断加大，养殖品种不断增多，使龟类养殖业呈现出欣欣向荣的景象。

三、龟类人工养殖意义

龟类是一种古老的动物，它们起源于二叠纪的杯龙类，中生代末期及第三纪初期最为繁盛，曾与不可一世的恐龙在陆地和水中共同生活。七千万年前的白垩纪末期，恐龙全部灭绝，而龟类却生存至今，故有“活化石”的美称。目前所知最早的龟类化石记录是距今两亿年前晚三叠纪的原颚龟或三叠龟。它们在地球的历史中曾经有过辉煌的时期，种族繁衍多样，而且由于其具骨质硬壳，保留下了大量化石供人们研究。

（一）龟类的价值

龟类为珍稀动物，全身均是宝，具有多种价值。

1. 具有深厚的文化价值

龟文化历史悠久，是中华民族特有的文化。中国最早的文字即是被记刻在龟甲上的甲骨文。中国人自古以来就对龟情有独钟，古代有麟、凤、龙、龟“四灵”之称，是和平、吉祥与长寿的象征。但麒麟、凤凰、龙都是人类臆造的动物，唯有龟在自然界中真实存在。古人对龟非常崇拜，认为龟能知晓过去和预见未来，故用龟壳来占卜。3 000多年前的商代，龟甲就成为人们占卜的工具。龟的图案也常出现在钱币、战旗和随身佩戴物上。龟文化在中国文化的形成和发展中发挥了重要作用。

2. 具有良好的生态价值

龟类是自然界的组成部分，是动物多样性中不可缺少的成员。龟在其生存的环境中可起到清洁水域、降低某些螺类的种群密度及传播植物种子等生态作用。

3. 具有重要的科研价值

龟是一种古老的动物，具有很多特化的特征和特性，是科研的好材料。如冬眠习性、耐饥、长寿及海龟的洄游定向等均为良好的科研课题。如能揭示其中的奥秘，必将取得重大的科研成果并造福于人类。

4. 具有很高的观赏价值

龟温顺可爱，是长寿吉祥的象征，且通人性。每当你工作回来，龟会爬过来向你索要食物，一副憨态可掬的样子，使你疲劳顿消。龟与世无争，让生活节奏紧张的人浮躁的心情很快恢复平静，对人们的身心健康具有很大的好处。此外，龟的种类很多，体形体色各异，观赏之时，可给人带来赏心悦目的感觉。特别是绿毛龟，其观赏价值更大，当将其置于水中时，绿毛散开，漂浮水面，煞是好看。

5. 具有很高的工艺价值

龟壳具有很高的工艺制作价值，可制成各种美丽的工艺品。

6. 具有良好的滋补、保健和药用价值

龟全身都是宝，无论是肉、血，还是龟甲，都具有很高的滋补、保健和药用价值。现代药效学及临床实验表明，龟的医药滋补作用主要表现在：①增强机体免疫功能；②促进造血系统功能；③提高应激能力，增强机体耐力；④保护肝脏；⑤增强机体抗氧化能力；⑥抗肿瘤作用。

7. 具有很高的食用价值

从古至今，人们都将龟作为高级滋补品和延年益寿的食疗佳品。所谓“龟身五花肉”，即龟具有牛、羊、猪、鸡、鱼五种动物肉的营养和味道。龟肉中所含的蛋白质远高于牛、羊和猪，而脂肪却低于鸡和鱼，是典型的高蛋白、低脂肪食物。以龟肉为主要原料配制而成的各种龟肉羹，现已成为宴席上的高级名肴之一。

（二）开展人工养殖龟类的重要性

人们对龟类产品的需求量越来越大，而野生的龟类资源却越来越少，因此，开展龟类的人工养殖是解决这一矛盾的必由之路，具有非常重要的意义。

1. 有利于保护生物多样性

生物多样性对人类来说是非常重要的。生物多样性是指生物和它们组成的系统的总体多样性和变异性，包括遗传多样性、物种多样性和生态系统多样性三个层次。生物多样性的价值在于其使用价值和选择价值，其使用价值可分为直接使用价值和间接使用价值。直接使用价值是生物为人类提供了食物、纤维、建筑和家具材料、药物及其他工业原料。单就药物来说，发展中国家人口的80%依赖植物或动物提供的传统药物。间接使用价值又称为生态功能，是指间接地支持和保护人类经济活动和财产的环境调节功能。此外，生物多样性还有潜在的价值，即为后人提供选择机会的价值。所以，生物多样性的保护，特别是珍稀动物的保护是非常重要的。

目前，生物的灭绝速度在不断加快，通过人工养殖来保持物种的延续和保护生物多样性，具有非常重要的意义。龟类是珍稀物种，由于人类的活动和环境污染，其在自然界的种群数量不断减少，当其中某种龟类的种群数量下降到灭绝点以下时，这种龟类就会走向灭亡。因为生物具有两种不同的生活史对策，一种为r对策（r-strategy），另一种为K对策（K-strategy）。采取r对策的生物通常是个体小、寿命短、生殖力强但存活率低的生物。这些生物有较强的迁移和散布能力，但缺乏亲代对后代的保护。属于r对策的生物主要是无脊椎动物和昆虫，也包括鼠类和麻雀等一些小型哺乳动物和鸟类。采取K对策的生物通常是个体大、寿命长、生殖力弱但存活率高的生物，这些生物的迁移和散布能力较弱，但亲代对后代有很好的保护。采取K对策的生物其物种的种群动态曲线具有灭绝点（X），种群数量一旦低于X就必然走向灭绝。而采取r对策的生物无灭绝点。龟类生活史对策的研究虽未见报道，但应更接近于K对策或介于两者之间。人工养殖可以使这些龟类的种群数量保持在灭绝点以上，从而使该物种能一直延续下去，从而保存了该物种的基因库，造福了子孙后代，并且可在需要的时候放归野外，恢复或增加龟类的野外资源。有些物种的种群恢复是靠把人工饲养的个体释放到野生栖息地实现的，在这方面成功的例子很多，如鸟类中的鸣鹤、白喉鹑、夏威夷雁、游隼和美洲秃鹰等，哺乳动物中的狼和野牛等。我国对朱鹮的野生放养试验已取得了完全的成功，其种群数量已从1981年的7只增长到2010年的2 000多只，已将这一极为珍贵的鸟类从灭绝的边缘挽救回来。

2. 可减少对野生龟类的索取

在进行龟类的人工养殖以前，人们对龟类的需求均靠在自然界中捕捉来满足，在人类的大量捕捉下，自然界中野生的龟类资源日渐枯竭。龟类的人工养殖，可增加龟的种群数量，满足人们对龟类的消费需求，减少对野生龟类的依赖性，有利于保护野生龟类。

3. 符合国家农业经济发展的方向

龟类养殖设施简单，占地少，耗费资源少，技术容易掌握，劳动强度低，可以在庭院、室内、阳台、楼顶等地方养殖，可以进行高密度和立体养殖。节水、节电、节能、节地，符合低碳循环经济的要求，符合国家产业政策，生态、环保。故养龟业符合国家农业经济发展的方向，是国家鼓励发展的行业。

4. 可取得良好的经济效益和社会效益

养龟业属于高效率、高回报的行业，特别是名龟养殖业，具有更大的经济效益。养龟已成为城市郊区农村失地农民转产转业、城市失业居民就业甚至创业以及企业转型升级的首选项目之一。龟类的养殖不但解决了一些人的就业问题，而且通过协作劳动，促进了家庭的和睦和社会的安定，取得了良好的经济效益和社会效益。

四、龟类的保护

龟类资源是大自然的组成部分之一，也是地球生物圈中维持生态平衡不可缺少的重要成员。但是，随着世界人口的急剧增长和工业化进程的不断加快，地球的面貌发生了很大变化，茂密的森林变成了城市、公路和矿区，清澈的水源也不断地被工业和生活所排放的有毒物质和废物所污染。龟类的适宜生态环境和栖息场地不断地受到破坏和逐渐缩小乃至消失，加之长期以来人们对保护龟类动物的重要意义认识不足，为了追求眼前的经济利益而大量捕杀龟类，致使野生龟类的种群数量日益下降，有些在野外非常罕见，有些被列为濒危物种，有些则已在野外绝迹，因此，龟类的保护迫在眉睫。

（一）野生龟类的保护

除了大力开展龟类的人工养殖外，更要加强野生龟类的保护。其保护措施如下：

1. 加强宣传教育，自觉地保护生物多样性

保护生物多样性的教育，要从小学开始。平时要做好宣传教育工作，让大家都认识到保护野生动物多样性的重要性，自觉地参与到保护野生动物的行列中来。同时要制定一定的保护措施，禁止对野生龟类进行乱捕滥杀。

2. 控制环境污染，保护生态环境

生态环境的保护包括森林的保护，龟自然产地环境的保护，如池塘、水库、湖泊等大型清洁静止水体的保护，溪流和江河的保护等。生态环境的好坏直接关系到生物种群的繁衍与分布。

3. 建立珍稀龟类自然保护区

对保护整体生物多样性来说，最有效的办法就是保护生物的生境或栖息地和保护整个生态系统。当前生物多样性的保护已越来越依赖于自然保护区的建立。建立一定数量的珍稀龟类自然保护区，可以使野生珍稀龟类保持适当的种群数量，缓冲野外环境的胁迫因子，保全野生珍稀龟类的基因库，有利于龟类种群的持续繁衍。

（二）龟类种质资源的保护

种质是决定遗传性状并将遗传信息传递给后代的遗传物质，对生产和选育具有现实或潜在的利用价值。种质资源是培育新品种的物质基础，只有具有优良的种质资源，才能利用新技术培育出新的品种。种质资源还为物种的起源、进化等理论研究提供物质基础。

龟类种质资源的保护包括已知的种质资源的保护和一些具有遗传潜力的种质资源的保护。其保护的目的是尽可能维持龟类种内最高遗传变异水平，维持龟类物种和种群的进化潜力、自然繁殖力和自然繁殖场所，促进资源的可持续利用。龟类种质资源保护的层次包括群体、个体、器官、组织、细胞、染色体或基因片段等。保护措施主要为就地保护和迁地保护。

1. 就地保护

就地保护是指在生物生长、进化、繁殖的原栖息地，对物种的群体、栖息环境和生态系统进行保护。这为群体水平的遗传保护，是一种动态型的遗传保护。在此种保护模式下，物种与栖息地环境协同进化，人们也可随时观察和研究被保护群体的生态变化和遗传

变化。属于就地保护的有自然保护区和国家公园等。

2. 迁地保护

迁地保护也称异地保护，指在物种原栖息地以外的人工环境下，对物种的个体进行保护。这是个体水平的遗传保护，如动物园和水族馆进行的保护。龟类人工养殖场也属迁地保护的一种类型，特别是环境优美、设计合理的大型龟类养殖场，在龟类的迁地保护中起到了重要的作用。

（三）建立龟类的种质资源库

种质资源库又称基因库。物种一旦灭绝、基因一旦丢失，将会是无法挽回的损失。因此，龟类种质资源库的建立非常重要和紧迫。目前，许多种龟类的野外资源非常稀少，如不及早建立各种龟类野外种质资源库，一旦某种龟类在野外消失，就很难再建立其野外种质资源库了。

（四）防止有害物种的侵入

入侵的动物物种常常能通过捕食、牧食、竞争和使环境发生改变而导致本地物种的灭绝。如红耳彩龟和鳄龟等外来物种，由于其对环境具有很强的适应性，一旦逃逸到野外，很快就可适应当地的环境并大量繁殖，破坏当地的生态系统，排斥国产的淡水龟，造成国产龟的竞争压力。鳄龟甚至可直接捕食国产龟，对国产龟构成极大的威胁，甚至会造成国产龟的灭绝。因此，在引进外来龟时，应先做好严肃的论证工作，严格控制，并做好病原体的检疫工作，严防把国外的传染病带入国内。在养殖红耳彩龟和鳄龟时，应严禁其逃入野外，更不能用于放生。

第二节　龟类养殖种类

我国目前养殖的龟类主要有淡水龟类和陆栖龟类。淡水龟类又可分为水栖龟类和半水栖龟类，也包括一些以陆栖为主的龟类。

一、淡水龟

（一）水栖龟类

在水栖龟类中，除了国产龟类外，近年来还引进了很多国外的龟类。

1. 乌龟

乌龟（*Mauremys reevesii*）俗称草龟、金龟、泥龟。国内分布范围较广，除西藏、青海、宁夏、山西、新疆、吉林、辽宁、黑龙江、内蒙古未发现外，在其余各地均有分布。国外分布于朝鲜和日本。

乌龟是我国龟类中分布最广、数量最多的一种。它适应性强，食性广，而且味美，有较高的药用价值，是最常见的养殖品种。

（1）生态特性。

栖息于沼泽、溪流、池塘和小河中，喜晒背。杂食性，偏爱动物性食物，如蚯蚓、小鱼、小虾和螺等。

（2）形态特征。

头灰黑色或黑橄榄色，顶部平滑无鳞，吻短；头侧具淡黄色条纹（图1–2），颌部和喉部具蠕虫样淡黄色斑纹。

背甲长椭圆形，稍隆起，具3条嵴棱，稚龟和幼龟时特别明显（图1–3、图1–4），成龟时消退（图1–5）；颈盾1枚，呈窄长方形；椎盾5枚，肋盾4对，缘盾11对，臀盾1对；甲桥明显。

腹甲平坦，每枚腹板上均具黑色大斑块（图1–6、图1–7），后缘缺刻。

四肢灰黑色，前肢5爪，后肢4爪，指、趾间具蹼。尾较长，灰黑色。

雄性乌龟的背甲与腹甲均为黑色（图1–8、图1–9）。

有时可见畸形的乌龟（图1–10、图1–11）。

近年来，已进行了日本产乌龟的饲养（图1–12～图1–15）。

图1–2　乌龟头部的侧面（毕悦供稿）

图1–3　乌龟稚龟的背部（毕悦供稿）

图1–4　乌龟幼龟的背部（毕悦供稿）

图1–5　乌龟成龟的背部（毕悦供稿）

图1-6　乌龟幼龟的腹部

图1-7　乌龟成龟的腹部

图1-8　雄性乌龟的背部

图1-9　雄性乌龟的腹部

图1-10　双头乌龟的背部(毕悦供稿)

图1-11　双头乌龟的腹部(毕悦供稿)

图1-12　日本产乌龟头部的背面和侧面

图1-13　日本产乌龟的颌部和喉部

图1-14　日本产乌龟的背部

图1-15　日本产乌龟的腹部

2. 黄喉拟水龟

黄喉拟水龟（*Mauremys mutica*）俗称石金钱、石龟、香乌龟、绿毛龟、水龟、黄龟等，在国内分布很广泛，遍及福建、安徽、江苏、浙江、广东、广西、湖南、湖北、海南、云南、香港及台湾等地，国外分布于越南。

黄喉拟水龟是培育绿毛龟的优良品种，而且繁殖率较高，容易养殖，生长比乌龟快，备受养殖者的欢迎。

（1）生态特性。

栖息于丘陵地带，半山区的山间地和河流、稻田及湖泊中，也常在附近的灌木及草丛中活动。白天多在水中嬉游觅食，有时爬到岸边晒背，晴天喜在陆地上活动。杂食性，喜食蚯蚓、小鱼、小虾、螺及蚌等。

（2）形态特征。

头中等大，吻较尖，头背光滑无鳞，鼓膜圆形，颌部和喉部黄色（图1-16）。头侧自眼后至鼓膜上方有一条窄的黄色纵纹，头背及两侧橄榄色。头的腹面为橘黄色或淡黄色。

头部的颜色依产地的不同而有不同的颜色，如产于长江流域的黄喉拟水龟，其头部为青色或黄绿色（图1–17）；产于广西或越南的黄喉拟水龟，其头部为灰色（图1–18）。

背甲椭圆形，隆起较低，具3条嵴棱，中央嵴棱明显，两侧棱在稚龟、幼龟和亚成体中明显（图1–19～图1–21），在成龟中不明显（图1–22）。背甲棕褐色或淡黄色；颈盾1枚，较小，长方形；椎盾5枚，肋盾4对，缘盾11对，臀盾1对。具甲桥。

腹甲橘黄色或淡黄色，盾片上具对称的棕黑色斑块（图1–23～图1–25）；雌龟腹甲平坦（图1–26），雄龟沿腹甲中线具纵凹陷（图1–27）；喉盾2枚，前缘稍内凹；肛盾2枚，后缘缺刻。

四肢扁圆，外侧棕黑色，内侧橘黄色或淡黄色；前肢5爪，后肢4爪，指、趾间具蹼。尾短。

养殖中，有时可见不同体色的白化的黄喉拟水龟（图1–28～图1–39），这些龟均有很高的观赏价值。

图1–16　黄喉拟水龟的颔部和喉部

图1–17　黄喉拟水龟头部的背面（毕悦供稿）

图1–18　黄喉拟水龟的头部为灰色

图1–19　黄喉拟水龟稚龟的背部

图1-20　黄喉拟水龟幼龟的背部

图1-21　黄喉拟水龟亚成体的背部

图1-22　黄喉拟水龟成龟的背部

图1-23　黄喉拟水龟稚龟的腹部

图1-24　黄喉拟水龟幼龟的腹部

图1-25　黄喉拟水龟成龟的腹部(毕悦供稿)

图1-26　黄喉拟水龟雌龟的腹甲

图1-27　黄喉拟水龟雄龟的腹甲

图1-28　白化黄喉拟水龟的背甲之一

图1-29　白化黄喉拟水龟的腹甲之一

图1-30　白化黄喉拟水龟的背甲之二

图1-31　白化黄喉拟水龟的腹甲之二

图1-32　白化黄喉拟水龟的背甲之三

图1-33　白化黄喉拟水龟的腹甲之三

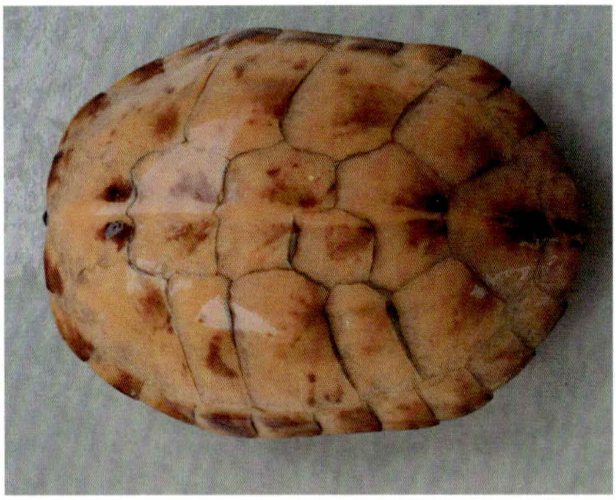

图1-34　白化黄喉拟水龟的背甲之四

图1-35　白化黄喉拟水龟的腹甲之四

图1-36　白化黄喉拟水龟的背甲之五

图1-37　白化黄喉拟水龟的腹甲之五

图1-38　白化黄喉拟水龟稚龟的背甲

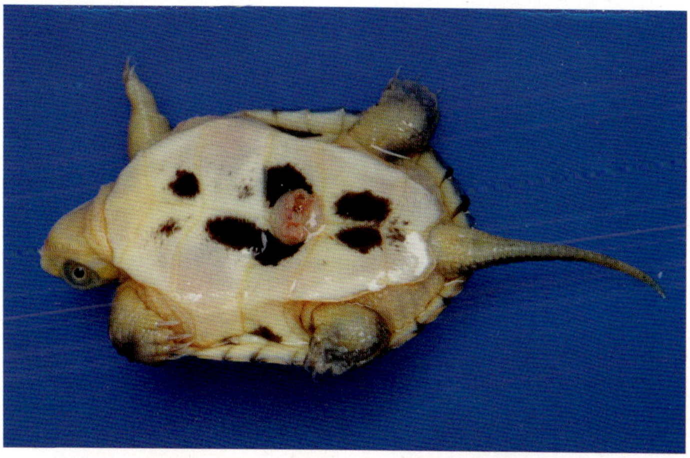

图1-39　白化黄喉拟水龟稚龟的腹甲

3. 中华花龟

中华花龟（*Mauremys sinensis*）俗称花龟、六线草、台湾草龟、珍珠龟、斑龟及美女龟。国内分布于广东、广西、福建、海南、江苏、浙江、上海、香港和台湾，国外分布于越南。为常见的养殖品种。

（1）生态特性。

栖息于池塘、河流、沼泽、湖泊和水潭中。有上岸晒背的习性。杂食性，以果实、昆虫、鱼和蠕虫为主。人工饲养时，可食各种肉类和瓜果，如蚯蚓、虾、小鱼、螺、牛肉、猪肉、猪肝、玉米、南瓜、木瓜、西红柿和各种水草及蔬菜等。

（2）形态特征。

头较小，头背部光滑无鳞，吻略前突；上喙乳白色；头和颈部背面橄榄色，腹面黄色，两者均具有许多细的、黑色镶边的、淡绿色或黄色的纵条纹（图1–40、图1–41）。

背甲椭圆形，棕红色或黑色；稚龟和幼龟具3条不连续的嵴棱，但随着龟龄的增长，这3条嵴棱逐渐消退；第1枚椎盾前部宽于后部；第2～4枚椎盾宽径大于长径，或两者相等；第5枚椎盾宽径大于长径（图1–42）。甲桥黄色。

腹甲黄色，前缘平，后缘缺刻；每枚盾片上均具较大的棕黑色或黑色斑块（图1–43）。

四肢扁平，橄榄色，具许多黄色条纹，前肢前部具大鳞片，指、趾间具蹼。尾较长，末端尖细。

有时可见白化的中华花龟（图1–44、图1–45）。

图1–40　中华花龟的头部

图1–41　中华花龟的颈部

图1–42　中华花龟的背部

图1–43　中华花龟的腹部

图1-44　白化中华花龟的背部（毕悦供稿）

图1-45　白化中华花龟的腹部（毕悦供稿）

4. 三线闭壳龟

三线闭壳龟（*Cuora cyclornata*）俗称金钱龟、红边龟、红肚龟、金头龟、川字龟、断板龟等。国内分布于广东、广西、海南和福建等地，国外分布于越南等东南亚国家。

（1）生态特性。

生活于丘陵或山区，栖息在溪流、池塘及草丛等潮湿安静的地方。杂食性，以蜗牛、蚯蚓、小鱼、虾、螺类、金龟子以及植物的嫩叶和种子为食。人工养殖时，可食鱼、虾、牛肉、鸡肉、葡萄、香蕉及西瓜等。三线闭壳龟是有名的集药用、食用和观赏于一身的名贵珍稀动物，并被国家列为二级保护动物。

（2）形态特征。

头中等大小，背面光滑，吻较尖；鼓膜圆形或略呈椭圆形。头部的颜色因产地不同而异，如产于海南和广东等地的三线闭壳龟，其头顶为黄绿色（图1-46），颈背部灰橄榄色，颈腹部猩红色；产于广西和越南的三线闭壳龟头顶为棕褐色（图1-47），颌部白色或橙色。

背甲呈椭圆形，棕褐色，中央略隆起；具3条明显的黑色嵴棱，其中央嵴棱最长，侧棱稚龟和幼龟时明显（图1-48、图1-49），成龟时退化（图1-50）；颈盾1枚呈细长方形，椎盾5枚，肋盾4对，缘盾11对，臀盾1对；椎盾第一枚呈五角形，第五枚呈扇形，其余呈六角形；缘盾腹面淡橘黄色，具对称的黑斑，但后部的缘盾可缺少黑斑。背腹甲之间有韧带组织相连。

腹甲与背甲近等长，黑色，周边黄色或橘黄色；根据产地的不同，有的整个腹甲呈黑色（图1-51），有的腹甲前部具“米”字形的黑色斑纹（图1-52）。腹甲的胸盾与腹盾之间有明显的韧带组织相连，形成前后可活动的两部分，头尾及四肢缩入壳内后，腹甲可完全闭合于背甲；喉盾1对，前沿成弧状；肛盾1对，后缘具小缺刻。

四肢扁圆，外侧灰棕色，内侧及裸露的皮肤为橘红色；前肢5爪，后肢4爪，指、趾间具蹼，尾短小尖细，背面灰棕色，有2条黑色条纹；腹面橘红色（图1-53）。

图1-46　三线闭壳龟的头部呈黄绿色（毕悦供稿）

图1-47　三线闭壳龟的头部呈棕褐色

图1-48　三线闭壳龟稚龟的背部（毕悦供稿）

图1-49　三线闭壳龟幼龟的背部（毕悦供稿）

图1-50　三线闭壳龟成龟的背部

图1-51　腹甲全部黑色

图1-52　腹甲前部的黑斑呈“米”字形

图1-53　三线闭壳龟的尾

5. 黑颈乌龟

黑颈乌龟（*Mauremys nigricans*）又称广东乌龟、广东草龟。只分布于国内的广东和广西。海南是否有分布尚待证实。

（1）生态特性。

栖息于丛林、山区的溪流、河流和水塘中。有在原木或石块上晒背的习惯。杂食性，食物包括昆虫、螺类、小虾、小鱼、蚯蚓及水生植物等。人工饲养时，可食虾、鱼肉、牛肉、鸡肉、香蕉和菜叶等。

（2）形态特征。

头部较长，吻钝，吻略突出于上喙，向内下侧斜切。雄性头顶有散在粉红色或淡黄色斑点（图1–54），头部两侧有数条淡黄色或粉红色纵纹，颌部和颈部的腹面呈粉红色（图1–55）；雌性头顶光滑无斑点（图1–56），颌部和喉部淡黄色（图1–57）。

背甲椭圆形，棕褐色，中央具嵴棱，无侧棱，前缘较平，后缘微锯齿（图1–58）。背甲与腹甲间以骨缝相连，甲桥明显，具腋盾和胯盾。

腹甲前缘平直，后缘缺刻较深。腹甲上的颜色和斑纹变化较大，有粉红色（图1–59）、棕色（图1–60）、棕黄色（图1–61），甚至有黑色的（图1–62）；其斑纹有的呈圆形，有的为放射状（图1–63），有的则无斑纹。

四肢扁平，具鳞，指、趾间具蹼。尾部短，黑色，有些龟在其腹面基部至泄殖孔前有一较宽的条纹，雄性为红色（图1–64），雌性为淡黄色（图1–65）。

稚龟背部黑色或淡灰色（图1–66），腹部红色（图1–67）。

图1–54　雄性黑颈乌龟的头部（邓超供稿）

图1–55　雄性黑颈乌龟的颌部和颈部（毕悦供稿）

图1-56　雌性黑颈乌龟头部的背面（邓超供稿）

图1-57　雌性黑颈乌龟的颌部和喉部（毕悦供稿）

图1-58　黑颈乌龟的背部（邓超供稿）

图1-59　黑颈乌龟的腹部呈粉红色（毕悦供稿）

图1-60　黑颈乌龟的腹部呈棕色

图1-61　黑颈乌龟的腹部呈棕黄色

图1-62　黑颈乌龟的腹部呈黑色（邓超供稿）

图1-63　黑颈乌龟的腹部具放射状斑纹（邓超供稿）

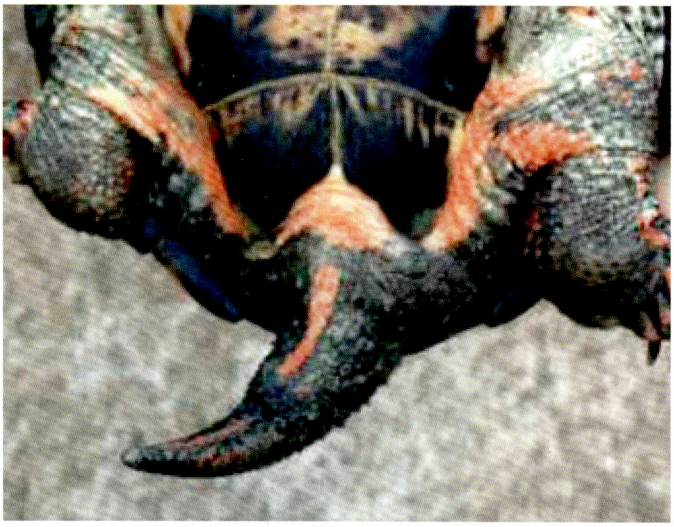

图1-64　雄性黑颈乌龟的尾（邓超供稿）

图1-65　雌性黑颈乌龟的尾（毕悦供稿）

图1-66　黑颈乌龟稚龟的背部（毕悦供稿）

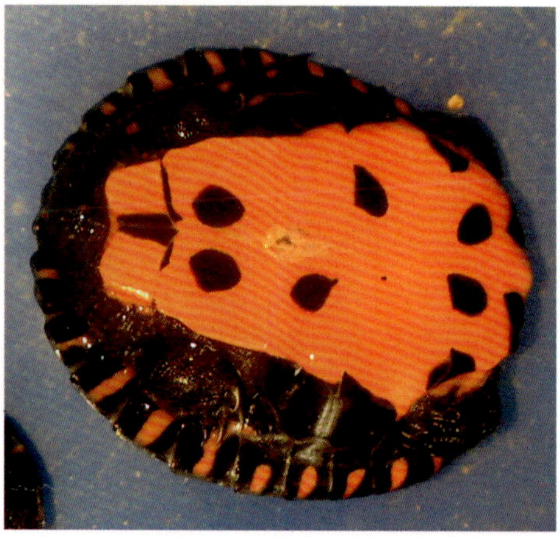

图1-67　黑颈乌龟稚龟的腹部（毕悦供稿）

6. 大头乌龟

大头乌龟（*Chinemys megalocephala*）又称大头草龟。分布于安徽、江苏、湖北和广西。

（1）生态特性。

栖息于池塘和丘陵地带的溪流中。杂食性，人工饲养条件下，可食鱼、虾等肉类及菜叶和瓜果。

（2）形态特征。

头大而宽，橄榄色，顶部前面平滑无鳞片，后面具小鳞片；头侧有黄绿色蠕虫状斑纹（图1–68），眼后至颈部上方具黄绿色纵纹；喙黄褐色，不呈钩状，颌部具黄绿色条纹（图1–69）。

背甲椭圆形，棕色或棕黑色，中度隆起，具3条嵴棱（图1–70）；第1枚椎盾长径与宽径相等，其余椎盾宽径大于长径。甲桥明显，腋盾较胯盾小。

腹甲平坦，黑色或棕黑色，前缘平切，后缘缺刻（图1–71）。

四肢深褐色，具黄色斑点。尾深褐色。

稚龟的头很大，尾很长（图1–72、1–73）。

图1–68　大头乌龟头部的侧面

图1–69　大头乌龟的颌部

图1–70　大头乌龟的背部

图1-71　大头乌龟的腹部

图1-72　大头乌龟稚龟的背部

图1-73　大头乌龟稚龟的腹部

7. 平胸龟

平胸龟（*Platysternon megacephalum*）又称大头龟、鹰嘴龟、鹰龟、三不像等。在我国，分布于广东、广西、海南、福建、江苏、安徽、浙江、江西、湖南、云南和贵州。国外分布于越南和缅甸。

（1）生态特性。

栖息于山涧溪流和溪边碎石、石缝、岩洞等阴暗潮湿地。喜食动物性饵料，尤喜食活物，如蚯蚓、黄粉虫、蜗牛、螺类、贝、蚬、鱼、虾、蟹、蝌蚪、蛙、蠕虫和昆虫等。人工养殖时，也可食死虾、死鱼、家禽内脏、糠麸、豆饼、果实及水果皮等。

（2）形态特征。

体呈长椭圆形且扁平。头大，呈三角形，不能缩入甲内。头部覆以整块的角质鳞，头顶光滑，棕黄色；颌部强壮，淡棕色；上喙钩曲呈鹰嘴状（图1–74）。

背甲扁平，棕黑色，具微弱嵴棱（图1–75），背甲与腹甲在甲桥处以韧带组织相连，有下缘盾。

腹甲黄色，前缘平切，后缘缺刻（图1–76），每枚盾片上具对称排列的黑斑。

四肢被有大鳞，前后肢均具5爪，除外侧的指、趾外，其余指趾均有锐利的长爪，具微蹼。尾长几乎与背甲等长，并被有环状排列的大鳞片。

稚龟的背甲有的绿色，有的淡绿色，有的为灰色（图1–77）；腹甲红色或淡红色（图1–78）。卵椭圆形，受精的白斑出现在一端（图1–79）。

图1–74 平胸龟的头部（李旭东供稿）

图1-75　平胸龟的背部（李旭东供稿）

图1-76　平胸龟的腹部（李旭东供稿）

图1-77　平胸龟稚龟的背部（李旭东供稿）

图1-78　平胸龟稚龟的腹部（李旭东供稿）

图1-79　平胸龟的卵（李旭东供稿）

8. 眼斑龟

眼斑龟（*Sacalia bealei*）分布于广东、广西、福建、江西、湖南、贵州、安徽和香港。

（1）生态特性。

通常生活于低山和丘陵的溪流和小河中，喜晒背。杂食性，人工饲养时，食鱼、虾、蚯蚓和配合饲料。

（2）形态特征。

头部较尖，顶部平滑，棕褐色，布满黑色虫纹状小点。头顶后侧具1～2对马蹄状眼斑，第1对眼斑较小，第2对眼斑较大，2对眼斑间界限不明显或相连；第1对眼斑棕褐色，第2对眼斑淡黄色（图1–80）。雌龟的颈部条纹淡黄色，雄龟的颈部条纹为红色（图1–81）。

背甲卵圆形，棕红色或棕色，具黑色斑点和放射状条纹，中央嵴棱明显（图1–82）。

腹甲平坦，淡黄色，具黑色斑点，前端平，后端缺刻（图1–83）。

四肢扁平，具鳞，指、趾间具蹼。尾短而细。

图1–80　眼斑龟的头部

图1-81　雄性眼斑龟的颈部（钟连葵供稿）

图1-82　眼斑龟的背部

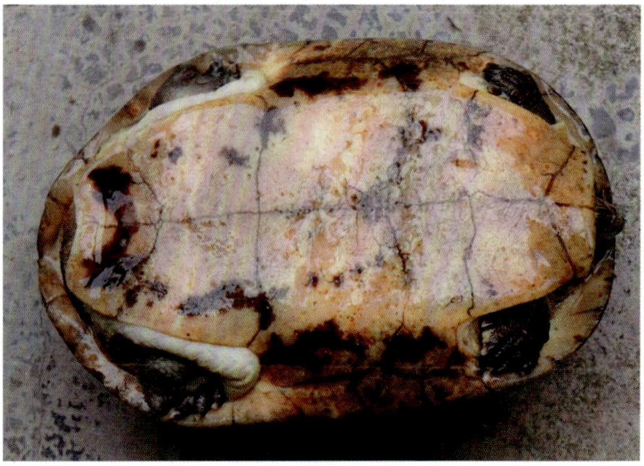

图1-83　眼斑龟的腹部

9. 四眼斑龟

四眼斑龟（*Sacalia quadriocellata*）又称六眼龟，在国内分布于广东、广西和海南，国外分布于越南和老挝。

（1）生态特性。

在自然界，栖息于山区溪流、小河、水潭及稻田中。每逢大雨后常出来觅食，杂食性。人工饲养条件下，尤喜食动物性饵料，如昆虫、小鱼、小蛙、瘦猪肉及肝等，也可食少量胡萝卜、果实（如桑葚）、香蕉、黄瓜、嫩草及配合饲料。

（2）形态特征。

头顶平滑，无斑点，具1对明显的马蹄状眼斑，每个眼斑中央具一小黑点，雌性的眼斑为黄色，雄性的眼斑为绿色；颈部有3条纵条纹，其颜色因性别不同而有差异，雌性为黄色，雄性为红色。

背甲棕色，较扁平，卵圆形，中央嵴棱明显（图1–84）。

腹甲淡黄色，散布黑色小斑点（图1–85），前缘平切，后缘缺刻。

四肢扁平，淡棕色，前肢外侧有若干大鳞片，指、趾间具蹼。尾较短，灰褐色。

图1–84　四眼斑龟的背部

图1–85　四眼斑龟的腹部

10. 百色闭壳龟

百色闭壳龟（*Cuora mccordi*）又称麦氏闭壳龟，仅分布于国内的广西。

（1）生态特性。

生活于山间溪流中，特别喜栖于竹林的竹叶和竹根下或灌木丛中，喜阴暗潮湿的环境，在雨季或下午出来活动。杂食性，人工养殖时，以动物性食物为主，如蚯蚓、黄粉虫、蠕虫、小鱼、虾、蚌和牛心等，也食葡萄、香蕉和草莓等植物性食物。

（2）形态特征。

头顶光滑，淡绿色（图1-86）；头侧面、颌部和颈部为粉红色（图1-87）。有些龟头侧有两条纵行的黑色条纹；吻稍突出，上喙不呈钩状。

背甲隆起较高，椭圆形，棕红色或棕黑色（图1-88～图1-90）；具中央嵴棱，在第2枚椎盾至第4枚椎盾上明显；背甲后缘略呈锯齿状。甲桥有2个黑斑。

腹甲黄色，喉盾黑色，呈倒三角形，肱盾后部为黑色斑块，腹甲前半部的黑色斑纹似“米”字（图1-91～图1-93），后缘缺刻。

四肢棕色或橘黄色，前肢前部具大的棕色或棕红色鳞片（图1-94），指、趾间蹼不发达。尾短小，黄色（图1-95），背面具棕色或橄榄色条纹。

图1-86 百色闭壳龟头部的背面（毕悦供稿）

图1-87 百色闭壳龟头部的侧面（毕悦供稿）

图1-88　百色闭壳龟稚龟的背部（毕悦供稿）

图1-89　百色闭壳龟幼龟的背部（毕悦供稿）

图1-90　百色闭壳龟成龟的背部（毕悦供稿）

图1-91　百色闭壳龟稚龟的腹部（毕悦供稿）

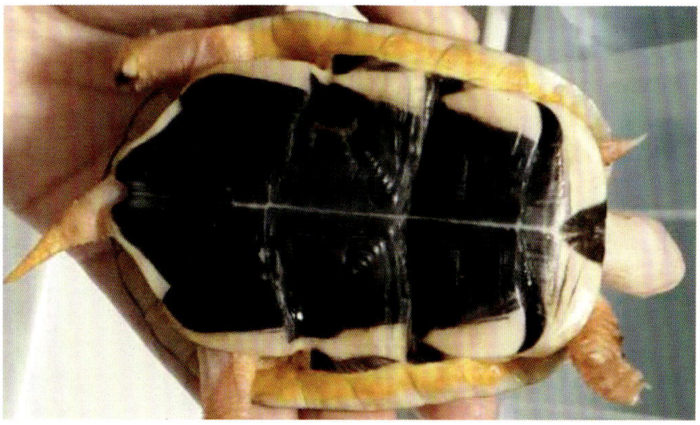

图1-92　百色闭壳龟幼龟的腹部（毕悦供稿）

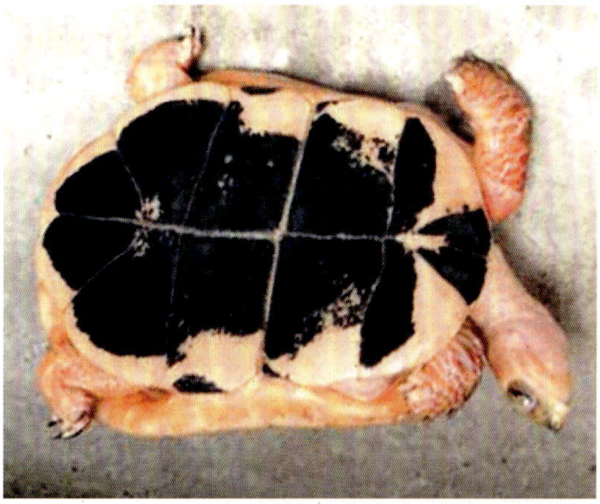

图1-93　百色闭壳龟成龟的腹部（毕悦供稿）

图1-94　百色闭壳龟的前肢（毕悦供稿）

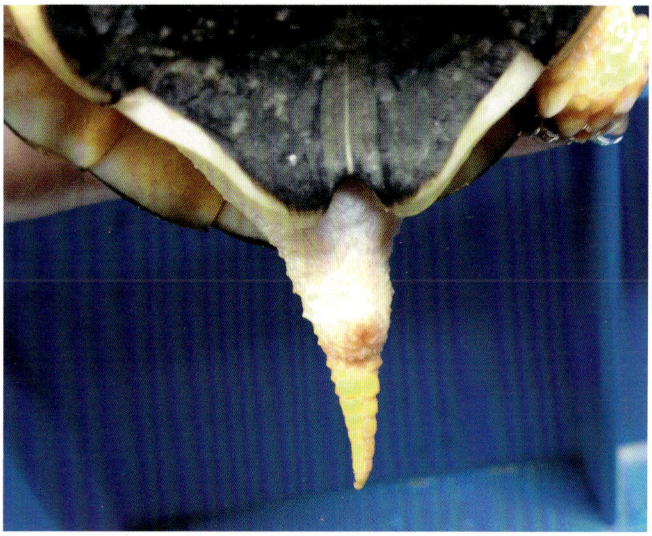

图1-95　百色闭壳龟的尾（毕悦供稿）

11. 金头闭壳龟

金头闭壳龟（*Cuora aurocapitata*）又称金龟、金头龟、夹板龟，仅分布于我国安徽省黟县、泾县、广德县和南陵县。

（1）生态特性。

栖息于水质清澈的溪流、山涧水潭及水潭两岸茂密的阔叶乔木、竹林和灌丛中，白天常藏在石板下和深水中，夜间在水中觅食，以溪蟹、小鱼虾和水生昆虫为食。人工养殖时，喜食动物性饵料，如蚯蚓、蝗虫、蜗牛和瘦猪肉等。

（2）形态特征。

头顶平滑，无鳞，顶部金黄色（图1–96），侧面黄褐色，有3条细的黑色纵纹，上喙略呈钩形，眼较大；颈背部灰褐色，腹部金黄色。

背甲绛褐色，卵圆形，中央隆起，具中央嵴棱，无侧棱；第2至第5枚椎盾淡红色或深红色，此颜色在稚龟时即已出现（图1–97），幼龟时最清晰（图1–98），成龟时可变模糊（图1–99）。

腹甲黄色，前缘圆，后缘微缺刻，每枚盾片上均有对称的黑色斑块（图1–100～图1–102）。

四肢具鳞片，背部灰褐色，指、趾间蹼发达。尾细，具细小鳞片，背面具3条黑色纵纹，腹面黄色（图1–103）。

有时可见体色变异的龟（图1–104）。此外，金头闭壳龟与三线闭壳龟经杂交后已产生后代（图1–105）。

图1–96 金头闭壳龟的头部（毕悦供稿）

图1-97　金头闭壳龟稚龟的背部（毕悦供稿）

图1-98　金头闭壳龟幼龟的背部（毕悦供稿）

图1-99　金头闭壳龟成龟的背部（毕悦供稿）

图1-100　金头闭壳龟稚龟的腹部（毕悦供稿）

图1-101　金头闭壳龟幼龟的腹部（毕悦供稿）

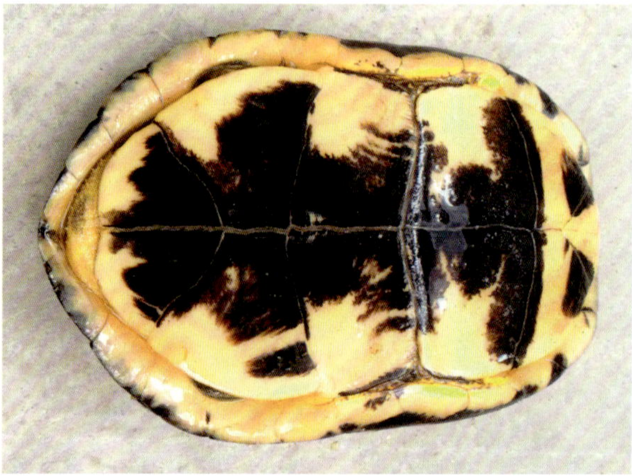

图1-102　金头闭壳龟成龟的腹部（毕悦供稿）

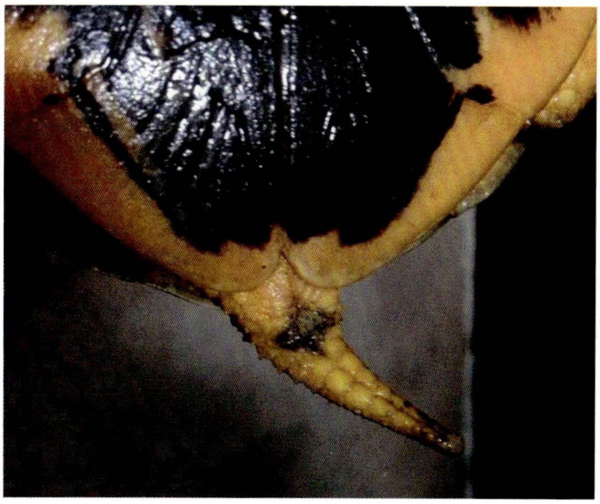

图1-103　金头闭壳龟的尾部（毕悦供稿）

图1-104　金头闭壳龟体色变异的稚龟（毕悦供稿）

图1-105　金头闭壳龟与三线闭壳龟杂交的稚龟（毕悦供稿）

12. 潘氏闭壳龟

潘氏闭壳龟（*Cuora pani*）仅分布于国内的陕西、四川和湖北。

（1）生态特性。

常生活于稻田旁的水沟中。杂食性，人工养殖时，以动物性食物为主，可食各种蠕虫、蚯蚓、虾、小鱼及牛肝等，也食一些瓜果和蔬菜。

（2）形态特征。

头较小和较长，顶部光滑，黄绿色（图1–106），头侧可见3条细的黑色纵纹；上喙钩形；颌部和喉部淡绿色（图1–107）。

背甲卵圆形，较扁平，最高处在第2枚椎盾；第1枚椎盾最大，在稚龟时较明显（图1–108），其余椎盾宽径大于长径；具中央嵴棱；背甲棕黑色，椎盾上具棕红色矩形斑块（图1–109、图1–110）。

腹甲黄色或棕色，前缘圆，后缘缺刻；腹甲上有黑色矩形斑块（图1–111～图1–113），有的整个腹甲为黑色（图1–114）。

四肢灰橄榄色至棕色，前肢前部具大的纵鳞，指、趾间蹼发达。尾部背面黄色，具棕色条纹；腹面黄色或淡黄色（图1–115）。

图1–106　潘氏闭壳龟头部的背面（毕悦供稿）

图1–107　潘氏闭壳龟的颌部和喉部（毕悦供稿）

图1–108　潘氏闭壳龟稚龟的背部（毕悦供稿）

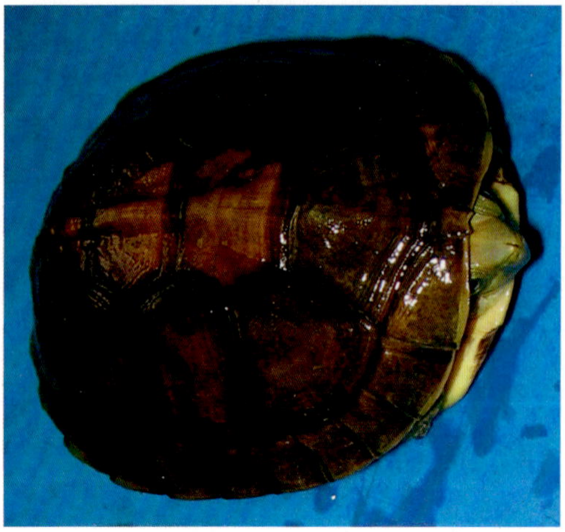

图1–109　潘氏闭壳龟幼龟的背部（毕悦供稿）

图1-110　潘氏闭壳龟成龟的背部（毕悦供稿）

图1-111　潘氏闭壳龟稚龟的腹部（毕悦供稿）

图1-112　潘氏闭壳龟幼龟的腹部（毕悦供稿）

图1-113　潘氏闭壳龟成龟的腹部（毕悦供稿）

图1-114　潘氏闭壳龟腹甲为黑色（毕悦供稿）

图1-115　潘氏闭壳龟尾部的腹面（毕悦供稿）

13. 周氏闭壳龟

周氏闭壳龟（*Cuora zhoui*）又称黑龟，分布于广西。

（1）生态特性。

有晒背习性。杂食性，以动物性食物为主，如食蚯蚓、黄粉虫、蝗虫、泥鳅、虾、小鱼、猪肉和猪肝等，也食葡萄、香蕉和草莓等植物性饲料。

（2）形态特征。

头部光滑，呈黄色（图1–116）；吻较尖，鼓膜浅黄色，上喙钩形；颈部布满疣粒，背面及侧面橄榄绿色，腹面浅灰黄色。

背甲卵圆形，黑色或褐黑色（图1–117），中央嵴棱稚龟时明显，成龟时不明显，无侧棱，后缘略呈锯齿状。

腹甲褐黑色，前缘圆，后缘缺刻，肛盾2枚，胸盾和腹盾中央有较大的不规则形黄色斑块（图1–118）。

四肢略扁，背面橄榄绿色，腹面浅灰黄色；前肢前部具大的鳞片（图1–119）；指、趾间具蹼。尾较短小，橄榄色。

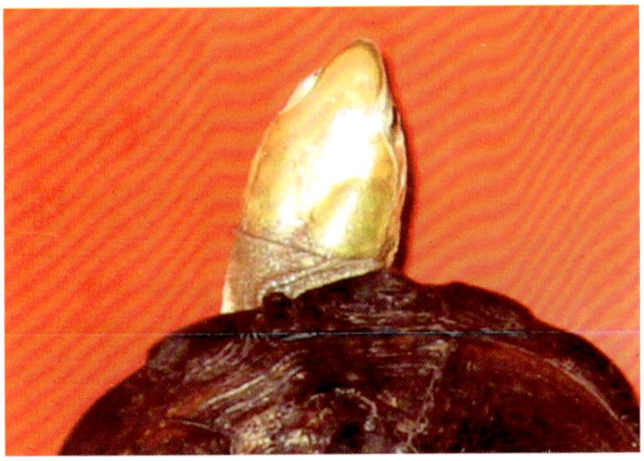

图1–116　周氏闭壳龟的头部（毕悦供稿）

图1–117　周氏闭壳龟的背部（毕悦供稿）

图1–118　周氏闭壳龟的腹部（毕悦供稿）

图1–119　周氏闭壳龟的前肢（毕悦供稿）

14. 云南闭壳龟

云南闭壳龟（*Cuora yunnanensis*）仅分布于中国的云南。为我国二级保护动物。

（1）生态特性。

生活于高海拔的高原地区。杂食性，以动物性食物为主，可食虾、鱼、肉类、草莓、葡萄、木瓜、西红柿及人工配合颗粒饲料等。生活的适宜温度为22℃～32℃，15℃以下进入冬眠。

（2）形态特征。

头顶光滑，吻稍尖，略突出；上喙不呈钩状；头橄榄色或棕色，有2条黄色纵纹（图1–120），1条较窄的纵纹从眼部延伸至颈部，另1条从上喙与下喙连接处延伸至颈部；颌部和喉部黄色或橙色，具橄榄色的斑纹；颈部橄榄色或棕色，每侧具2条橙色条纹。

背甲椭圆形，具3条嵴棱，中央嵴棱明显（图1–121）；背甲栗棕色或橄榄色，某些个体嵴棱为黄色。甲桥具黑色棒状条纹。

腹甲发育良好，但韧带较弱，腹甲后缘不能完全闭合，后缘微缺刻（图1–122）；腹甲橄榄色或棕色，盾缝黑色；每枚盾片上可见红棕色或黑色的斑纹。

四肢扁平，橄榄色或棕色，具橙色条纹（图1–123）；指、趾间蹼发达。尾短，橄榄色或棕色，具橙色条纹。

图1–120　云南闭壳龟的头部（任镇民供稿）

图1–121　云南闭壳龟的背部（任镇民供稿）

图1-122　云南闭壳龟的腹部（任镇民供稿）

图1-123　云南闭壳龟的前肢（任镇民供稿）

15. 腊戌拟水龟

腊戌拟水龟（*Mauremys pritchardi*）又称皮氏山龟。可能是乌龟与黄喉拟水龟的杂交种，一般认为是无效种，但在养殖上仍作为独立种看待，已列入我国的“三有”保护名录和《濒危野生动植物种国际贸易公约》的附录Ⅲ中。其产地和在自然界中的生态习性不详。

腊戌拟水龟的头部似黄喉拟水龟（图1-124、图1-125），背部似乌龟（图1-126），腹部与黄喉拟水龟相似（图1-127）。

图1-124　腊戌拟水龟头颈部的侧面（邝志祥供稿）

图1-125　腊戌拟水龟的颌部和喉部（邝志祥供稿）

图1-126　腊戌拟水龟的背部（邝志祥供稿）

图1-127　腊戌拟水龟的腹部（邝志祥供稿）

16. 红耳彩龟

红耳彩龟（*Trachemys scripta elegans*）又称巴西彩龟、巴西翠龟、巴西龟、红耳龟、翠龟、彩龟。分布于美国及墨西哥等国家，沿密西西比河从美国的伊利诺伊州直到墨西哥湾。

我国于1987年引进，现已大量繁殖。红耳彩龟具有个体大、食性杂、适应性强、生长快和抗病力强的特点，是进口龟中养殖数量最多的一种。

（1）生态特性。

喜欢栖息于底部柔软、水生植物丰富及适于晒背的静止水体中。稚龟肉食性，成龟杂食性，摄取任何可得到的食物。在野外，其食谱包括藻类、浮萍及水中浮出的其他草本植物，蚯蚓、蝌蚪、小鱼等非甲壳类动物，螺蛳等各种软体动物；饲养情况下可食黄粉虫、蝇蛆、瘦猪肉、牛肉、鱼肉、莴苣、菜叶、水花生叶、西瓜、香蕉和水葫芦等，更喜食配合饲料。

（2）形态特征。

头部三角形，暗绿色，头顶中央具一淡黄至淡红色纵纹，纵纹末端具一圆形红色斑点。具数条淡绿色纵纹。眼后两侧各具一红色长方形斑块（图1–128）；颌部淡黄色，具数条淡蓝色纵条纹，中央的纵条纹呈“∧”形。

背甲淡黄色或淡绿色，每一枚肋盾上有一条较宽的镶有黑边的黄色条纹和数条较细的黄色条纹（图1–129、图1–130）。

腹甲淡黄色，每枚盾片上均有圆形或长条形黑色或深褐色斑纹（图1–131、图1–132）。

四肢绿色，具淡黄色纵条纹，指、趾间具蹼。尾较短，具淡黄色纵条纹。

白化的红耳彩龟（图1–133）和“焦糖巴西”（图1–134～图1–137）具有很高的观赏价值。

图1–128　红耳彩龟头部的红斑

图1–129　红耳彩龟幼龟的背部

图1–130　红耳彩龟成龟的背部

图1–131　红耳彩龟幼龟的腹部

图1-132　红耳彩龟成龟的腹部

图1-133　白化的红耳彩龟(毕悦供稿)

图1-134　“焦糖巴西”的头部(毕悦供稿)

图1-135　“焦糖巴西”的背部(毕悦供稿)

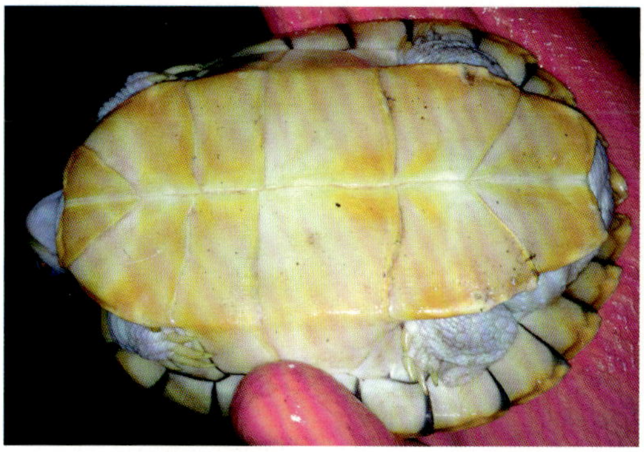
图1-136　“焦糖巴西”的腹部(毕悦供稿)

图1-137　“焦糖巴西”的后肢与尾(毕悦供稿)

17. 黄耳彩龟

黄耳彩龟（*Trachemys scripta scripta*）又称黄耳龟、黄耳滑龟、黄彩龟、黄龟。

（1）生态特性。

分布于美国，从弗吉尼亚州东南部至佛罗里达州北部。栖息于河流、沟渠、池塘和湖泊中。幼体偏食动物性食物，但易驯食浮性颗粒饲料；成体杂食性，也喜食配合饲料。

（2）形态特征。

头部绿色，顶部中央有一较宽的淡黄色纵条纹，头顶后部具数条较细的淡黄色纵纹，眼后有一淡黄色大斑块（图1–138），颌部具“∧”形的宽淡黄色条纹（图1–139）。

背甲长可达270 mm，绿色至褐色，有宽窄相间的淡黄色条纹（图1–140）。

腹甲淡黄色，具黑色至浅绿色斑纹（图1–141）。腹甲盾片上的斑纹变异较大，有的盾片上无斑纹。

四肢黑色，具淡绿色或黄色宽纵条纹，指、趾间具蹼。尾短，镶嵌着黄绿色条纹。

图1–138　黄耳彩龟的头部

图1–139　黄耳彩龟的颌部

图1–140　黄耳彩龟的背部

图1–141　黄耳彩龟的腹部

18. 黄肚彩龟

黄肚彩龟（*Trachemys scripta troostii*）又称彩龟、巴西彩龟。分布于美国，从肯塔基州东南部到亚拉巴马州东北部。在我国作为观赏龟类少量养殖。

（1）生态特性。

栖息于大型河流中，杂食性。

（2）形态特征。

头部绿色，眼后具1条黄色较粗纵条纹，眼下具黄色细条纹。

背甲长可达210 mm，椭圆形，棕色，每枚盾片上具大小不一的黄色条纹（图1-142），肋盾上最明显。

腹甲淡黄色（图1-143），具黑色圆点或斑块。

四肢绿色，具黄色条纹，指、趾间具蹼。尾短，绿色，有黄色条纹。

图1-142 黄肚彩龟的背部

图1-143 黄肚彩龟的腹部

19. 鳄龟

鳄龟（*Chelydra serpentina*）又称小鳄龟、蛇鳄龟、拟鳄龟。其体型较大，背甲长可达470 mm。分布于美国的佛罗里达州和得克萨斯州，加拿大的新斯科舍省、新不伦瑞克省、魁北克省南部及阿尔伯塔省东南部和墨西哥、哥伦比亚、厄瓜多尔。

我国于1997年开始引进，现已大量繁殖。

（1）生态特性。

栖息于其分布地带的所有淡水中，也进入低盐度的潮间带水坑中；喜爱具有柔软底泥和丰富水生植物或长有灌木丛及树枝的水体；习惯在水中栖息，大部分时间躺在深池中的水底或埋在浅水中的泥里，只露出眼睛和吻。杂食性，食谱很广，包括招潮蟹、虾、水螨、蛤、螺、蚯蚓、水蛭、蠕虫、鱼类、蛙类、蟾蜍、蝾螈、蛇、小龟、鸟类、小哺乳动物、淡水海绵及不同的藻类等。

（2）形态特征。

头三角形，棕褐色（图1–144），不能完全缩入壳内，上喙钩形（图1–145）。颈部有棘状刺。

背甲卵圆形，棕褐色；3条嵴棱呈棘状突起，但随着年龄的增长而逐渐变平滑，后部边缘呈锯齿状（图1–146）。

腹甲黄色，较小，呈“十”字形（图1–147）。

四肢灰褐色，具覆瓦状鳞片，指、趾间具蹼。尾较长，覆有鳞片，背面中央具1行刺状硬棘，腹面具两列鳞片。

图1–144　鳄龟的头部

图1–145　鳄龟的上喙呈钩形

图1-146　鳄龟的背部

图1-147　鳄龟的腹部

20. 安南龟

安南龟（*Annamemys annamensis*）又称安南叶龟、越南草龟。分布于越南中部。

（1）生态特性。

在自然界，栖息于浅水潭、沼泽地和缓流的河川中。杂食性。人工养殖时，喜食黄粉虫、小鱼、虾、瘦猪肉及家禽内脏，偶尔食少量香蕉。

（2）形态特征。

头部黑色，顶部两侧具一淡黄色“V”形条纹（图1-148）；头侧具宽的黄色纵条纹（图1-149），颌部和喉部黄色（图1-150）。

背甲宽椭圆形，稍降起，黑灰色，具3条纵棱，中间1条明显（图1-151）。

腹甲平坦，黄色，每枚盾板上有一大黑斑（图1-152）。

四肢黑灰色，指、趾间具全蹼。尾短，褐色（图1-153）。

图1-148　安南龟头部的背面

图1-149　安南龟头部的侧面

图1-150　安南龟的颌部和喉部

图1-151　安南龟的背部

图1-152　安南龟的腹部

图1-153　安南龟的后肢和尾

21. 大东方龟

大东方龟（*Heosemys grandis*）又称为亚洲巨龟、巨型山龟。分布于越南、缅甸、泰国、柬埔寨和马来西亚。

（1）生态特性。

栖息于江河、湖泊、溪流及沼泽中。杂食性。在自然界主要食水生植物，人工饲养时，喜食瓜果蔬菜如香蕉、黄瓜、菜瓜、西葫芦、白菜及植物茎叶等，也食猪肺、猪肝、鱼和虾等动物性饲料。

（2）形态特征。

头和颈部较宽，头灰绿色至棕色，具许多黄色、橙色或粉红色的碎小斑点（图1–154、图1–155），这些斑点随着龟龄的增长而逐渐消退，至老年龟时，仅遗留少数斑点；吻稍突，上喙具浅的中央缺刻，侧面与1对齿样突起相接；头顶后部具不规则形的鳞片。

背甲棕色，中央嵴棱明显，后缘锯齿状（图1–156）。甲桥黄色，具腋盾和胯盾。

腹甲大，黄色，幼龟每枚盾片上具一大的黑色斑块，从中发出黑色放射状条纹，这些斑块和条纹随着龟龄的增长而逐渐消失，在老年龟中已全部消失，变成纯黄色；后缘缺刻（图1–157）。

四肢棕色，前肢前部具宽的鳞片；指、趾间具蹼。尾短。

稚龟背部中央嵴棱明显，背甲后缘深度锯齿状（图1–158）；腹甲盾片上具较大的黑斑（图1–159）。

图1–154　大东方龟稚龟的头部（毕悦供稿）

图1–155　大东方龟成龟的头部

图1-156　大东方龟成龟的背部

图1-157　大东方龟成龟的腹部

图1-158　大东方龟稚龟的背部（曾德利供稿）

图1-159　大东方龟稚龟的腹部（曾德利供稿）

22. 安布闭壳龟

安布闭壳龟（*Cuora amboinensis*）又称马来闭壳龟、驼背龟。分布于越南、缅甸、泰国、孟加拉国、柬埔寨、印度尼西亚、马来西亚及印度东部。

（1）生态特性。

栖息于底质柔软、水流缓慢的水体中，如沼泽、湖泊、池塘、水潭及山涧溪流等。成龟虽然高度水栖性，但也常出现于远离水体的陆地上，幼龟则一直生活在水体中。在自然界中为植食性。但在人工养殖时，小鱼、昆虫、蜗牛和植物茎叶均食。

（2）形态特征。

头较小或中等大小，顶部橄榄色或棕黑色，后部黄色或橄榄色，侧面黑色；在每一侧，1条镶有黑边的黄色条纹从颈部向前延伸，经过眼眶上方到达吻部的鼻孔上方，在此处与对侧的相同条纹连接；在头部的侧面还存在2条黄色条纹，其中的1条从鼻孔处发出，向后延伸，经过眼眶和鼓膜到达颈部；另1条从鼻孔下方经过，沿着上喙向后延伸至颈部。吻突出，上喙略呈钩状；下喙和颌部黄色。

背甲椭圆形，深橄榄色或黑色，无斑点，中央隆起较高（图1–160）；成龟有或无中央嵴棱；幼龟背甲较扁平，具明显的3条嵴棱。背甲的第1枚椎盾前部较后部宽，第2和第5枚椎盾长径大于宽径，第3和第4枚椎盾通常宽径大于长径。缘盾后缘稍外展，但不呈锯齿状；缘盾腹面黄色，每枚缘盾的边缘具一黑色斑块。腋盾和胯盾很小或缺失。

腹甲大，能完全闭合，黄色或浅棕色，每枚盾片上具黑色斑块（图1–161）；肛盾后缘常无缺刻或稍微缺刻。

四肢橄榄色或黑色，前肢前部具大的纵鳞，指、趾间具蹼。

图1–160　安布闭壳龟的背部

图1–161　安布闭壳龟的腹部

23. 马来龟

马来龟（*Malayemys subtrijuga*）又称蜗牛龟、食蜗龟。产于越南、老挝、泰国、柬埔寨、马来西亚及印度尼西亚的爪哇。

（1）生态特性。

栖息于底质柔软和水生植物丰富的缓慢流动的水体中，如沟渠、小溪、沼泽地、池塘及稻田等。拥有强有力的喙，可轻易咬碎淡水甲壳类动物。肉食性，主要吃螺类、蜗牛，也吃蠕虫、水生昆虫、甲壳类和小鱼。

（2）形态特征。

头较大，黑色，后部具许多鳞片；眼部周围被白色眼线包围（图1–162）；吻部的鼻孔处有3条明显的黄色或乳白色条纹；吻突出，上喙中央呈“∧”形；颌部黄色，具黑色斑纹（图1–163）；喉部黑色。

背甲椭圆形，中度隆起，浅棕色或棕黑色，3条嵴棱清晰可见；每枚椎盾和肋盾上均具黑色斑块；缘盾背面与腹面均具黑色斑块，边缘黄色（图1–164），后缘不呈锯齿状。甲桥具黑色斑块。

腹甲黄色或乳白色，每枚盾片上均具棕黑色或黑色斑块（图1–165），后缘缺刻。

四肢灰色或黑色，边缘有黄白色纵条纹，指、趾间具蹼。尾短，黑色。

图1–162　马来龟的头部

图1–163　马来龟的颌部

图1-164　马来龟头部与背部的侧面

图1-165　马来龟的腹部

24. 庙龟

庙龟（*Hieremys annandalii*）又称黄头龟、丝绸龟。其名字来源于一些国家有将这些龟放生在寺庙的水池中的习俗，特别是在泰国曼谷的龟庙中。分布于泰国、越南、柬埔寨和马来西亚。

（1）生态特性。

栖息于江河、湖泊和溪流中，也能暂时生活于微咸水中。植食性，在自然界中，取食水果、青色的植物和水生植物。人工养殖时，可食黄瓜、香蕉和菜叶等瓜果蔬菜，也食瘦猪肉和猪肝等动物性饲料。

（2）形态特征。

头顶部、侧面及眼眶黑色并夹杂黄色细小斑点（图1-166），颌部黑色，具淡黄色斑点和细条纹（图1-167）。上喙中央呈"W"形，两边具牙齿样的小齿；下喙的边缘呈锯齿状。幼体头部具3条明显的黄色斑纹，第1条斑纹从颈部的两侧向前延伸，经过鼓膜和眼眶到达鼻孔处；第2条斑纹从上喙开始，沿着喙的边缘向后延伸至颈部；第3条斑纹起源于下喙，向后延伸至颈侧。有时这几条斑纹在眼后融合在一起，形成一个大的颜色鲜艳的斑块。在老年龟中，这些斑纹逐渐消退乃至完全消失。颌部和喉部为乳白色至白色，可有黑色斑纹。

背甲椭圆形，黑色或棕黑色，中央嵴棱略显；后缘锯齿状（图1-168）。甲桥黄色，发育良好，具有大的腋盾和胯盾。

腹甲比背甲短，以韧带与背甲相连，后缘缺刻；腹甲黄色，后缘缺刻（图1-169）。

四肢上面深灰色，下面浅灰色，前肢具大鳞片，指、趾间具蹼。尾短，灰色。

图1-166　庙龟的头部

图1-167　庙龟的颌部

图1-168　庙龟的背部

图1-169　庙龟的腹部

25. 钻纹龟

钻纹龟（*Malaclemys terrapin*）又称菱斑龟、钻背龟、金刚背泥龟。分布于美国。

钻纹龟体色艳丽，具有很高的观赏价值。

（1）生态特性。

栖息于沼泽、港湾、小海湾和入海口中，是北美龟类唯一可生活于含盐水域的种类。杂食性，以螺、甲壳类为主，也食湿地植物。人工饲养时，可食鱼肉、蛤、螺、蟹、昆虫及牛肉等。

（2）形态特征。

头部乳白色，具有蠕虫样的黑色条纹，头顶光滑，有一淡褐色菱形斑块，颌部和喉部乳白色，具有蠕虫样的黑色条纹，上喙无钩。

背甲椭圆形，淡绿色，具中央嵴棱（图1–170），每块盾片上均有2～3圈黑色环形斑纹，但其色彩和斑纹变化较大。

腹甲黄色，具黑色斑纹或斑块（图1–171）。

四肢淡蓝色，具黑色斑点。尾短，青绿色。

图1–170　钻纹龟的背部

图1–171　钻纹龟的腹部

26. 锦龟

锦龟（*Chrysemys picta*）又称火焰龟、火神龟。分布于加拿大、美国和墨西哥。

（1）生态特性。

栖息于底质柔软、具有晒背地点和水生植物的缓流水体中，如池塘、沼泽、湖泊和小溪，有时进入微咸水体中。杂食性，可取食其栖息地的多种植物和多种动物，小鱼、昆虫和水草均食。人工养殖时，可食蚯蚓、小鱼、家禽内脏、瘦猪肉、香蕉和菜叶等。

锦龟有4个亚种，即东部锦龟（*C. p. picta*）、西部锦龟（*C. p. bellii*）、南部锦龟（*C. p. dorsalis*）和中部锦龟（*C. p. marginata*）。我国引进的主要是东部锦龟和西部锦龟。

（2）形态特征。

① 东部锦龟的形态特征。

头中等大小，深橄榄色，头顶具数条淡黄色条纹，每侧眼后上方具前后排列的两个不规则形黄色大斑块（图1–172），眼后中部及下方具黄色纵条纹，一直延伸至颈部。颌部具有数条宽窄相间的淡黄色纵条纹，中央的一条宽条纹呈“人”字形（图1–173）。

背甲平滑，卵圆形，扁平，无嵴棱，橄榄色，在椎盾与椎盾、肋盾与肋盾之间的接缝为黄色条纹（图1–174），每一缘盾上具有数条红色条纹，中央具有一个大的红色斑块；后缘不呈锯齿状。

腹甲黄色，无斑点，无韧带；前沿略呈弧形，后缘无缺刻（图1–175）或具微缺刻。

四肢深绿色，前肢5爪，背面中央具一宽的红色纵纹，后肢4爪，边缘具一红色纵条纹。指、趾间具蹼。尾短而细，腹面中央具一宽的红色条纹。

图1–172　东部锦龟头部的背面

图1–173　东部锦龟的颌部

图1-174　东部锦龟的背部

图1-175　东部锦龟的腹部

② 西部锦龟的形态特征。

头部绿色，头顶具有数条黄色纵条纹（图1-176）；眼后有一条较宽的黄色纵条纹。颌部有数条黄色纵条纹，中央的纵条纹较宽，呈“人”字形（图1-177）。

背甲卵圆形，深绿色，椎盾与肋盾交错排列，肋盾与缘盾上面有一条淡黄色条纹（图1-178）。

腹甲粉红色，前缘平，后缘稍凹陷，每块盾片上具暗黑色图案，连起来构成一个大图案（图1-179）。

四肢深绿色，前肢5爪，具数条黄色纵纹，中央1条较宽，黄色斑纹中散布着红色斑点（图1-180）；后肢四爪，具淡黄色纵条纹。指、趾间具蹼。尾较短，具淡黄色条纹（图1-181）。

图1-176　西部锦龟的头部

图1-177　西部锦龟的颔部

图1-178　西部锦龟的背部

图1-179　西部锦龟的腹部

图1-180　西部锦龟的前肢

图1-181　西部锦龟的尾

27. 亚拉巴马伪龟

亚拉巴马伪龟（*Pseudemys alabamensis*）又称亚拉巴马红肚龟、红肚龟、红肚甜甜圈。分布于美国亚拉巴马州、莫比尔湾。

（1）生态特性。

栖息于淡水至中度咸水的沼泽地和具有丰富水生植物的滞水处，有时会进入溪流和河流中。植食性，食各种水生植物。人工养殖时，可食莴苣和鱼肉。

（2）形态特征。

头中等大小，深绿色；头顶部中央具一淡黄色纵纹，纵纹前端尖细，后端呈箭头状（图1–182）；头部两侧和颌部具数条宽窄不等的淡黄色纵纹（图1–183），颌部中央和喉部具1条较宽的呈“人”字形的淡黄色纵纹（图1–184）；颈部具多条淡黄色纵纹（图1–185）；眼突出于头部，具眼线。

背甲椭圆形，高度隆起，橄榄色；椎盾宽径大于长径；每块盾片上有淡红色条纹（图1–186），后缘稍呈锯齿状。

腹甲橘红色或淡黄色，有对称黑色斑块，后缘微缺刻（图1–187）。

四肢橄榄色，具有淡红色和淡黄色的纵条纹（图1–188）。尾橄榄色，具淡红色或淡黄色纵条纹（图1–189）。

图1–182　亚拉巴马伪龟头部的背面

图1–183　亚拉巴马伪龟头部的侧面

图1-184　亚拉巴马伪龟的颌部

图1-185　亚拉巴马伪龟的颈部

图1-186　亚拉巴马伪龟的背部

1-187　亚拉巴马伪龟的腹部

图1-188　亚拉巴马伪龟的后肢

图1-189　亚拉巴马伪龟的尾

28. 纳氏伪龟

纳氏伪龟（*Pseudemys nelsoni*）又称纳尔逊氏伪龟、佛州火焰龟、火焰龟、佛罗里达红肚龟。分布于美国的佛罗里达州及佐治亚州南部的奥克弗诺基沼泽。

（1）生态特性。

栖息于富含水生植物的池塘、沼泽、湖泊、泥沼、沟渠及水流缓慢的河流中。成龟植食性，喜食慈姑、假泽兰等植物，但也有吃死鱼等腐肉的倾向；幼龟更喜爱吃肉。人工喂养条件下，可吃鱼、各种肉类和莴苣。喜晒背。

（2）形态特征。

头中等大小，棕黑色，头顶和头的侧面具淡黄色条纹（图1-190）；颌部和喉部具多条淡黄色条纹，中央的一条很宽，呈“人”字形（图1-191）；上喙两边常具细齿样结构。

背甲高隆，椭圆形，最高处在中部的前面，最宽处在中部；成体嵴棱消失；颜色变异较大，通常为黑色；肋盾和缘盾上具红色或黄色条纹，背甲后缘轻度缺刻（图1–192）。

腹甲橙色或黄色，无斑纹或具斑纹，但斑纹会随年龄的增长而消退；后缘稍缺刻（图1–193）。

四肢黑色，其上分布有黄色纵条纹。尾短，棕黑色，具黄色或棕红色纵条纹。

图1–190　纳氏伪龟的头部

图1–191　纳氏伪龟的颌部和喉部

图1–192　纳氏伪龟的背部

图1-193　纳氏伪龟的腹部

29. 佛罗里达伪龟

佛罗里达伪龟（*Pseudemys floridana*）又称黄腹火焰龟、黄肚伪龟、黄肚甜甜圈。其背甲长可达400 mm，是淡水龟中较大的一种。分布于美国，沿着大西洋沿海平原，从北卡罗来纳州到佛罗里达州，向西穿过海湾沿海平原到俄克拉荷马州的东部、堪萨斯州的东南部、密苏里州的南部和伊利诺伊州的南部。

（1）生态特性。

栖息于底质柔软、水流缓慢、有丰富水生植物和晒背地点的水域中，如湖泊、河流和池塘等地。群居，喜晒背，常见二三十只龟在同一原木上一起晒背。成龟植食性，食各种水生植物和藻类。人工饲养时，可食莴苣、菠菜、甘蓝、西瓜、香瓜和香蕉等。幼龟杂食性，可食鱼、贝类、昆虫和水生植物等。

（2）形态特征。

头中等大小，棕色或黑色，具黄色条纹并延伸至颈部（图1-194）；吻稍突出，颈部腹面具宽的黄色条纹，颌部中央条纹向后延伸时分成2条，形成“人”字形图案（图1-195）。

背甲椭圆形，棕色，具黄色条纹，第2枚肋盾上有一较宽的横向黄色条纹；每一缘盾背面中央有一黄色棒状条纹；背甲后缘略呈锯齿状（图1-196）。

腹甲黄色，无斑点，后缘缺刻（图1-197）。

四肢黑色，有黄色纵条纹。尾短。

图1-194　佛罗里达伪龟的头部

图1-195　佛罗里达伪龟的颌部

图1-196　佛罗里达伪龟的背部

图1-197　佛罗里达伪龟的腹部

30. 河伪龟

河伪龟（*Pseudemys concinna*）又称甜甜圈、河龟。分布于大西洋和墨西哥湾的沿海平原，从美国的弗吉尼亚到墨西哥。

（1）生态特性。

栖息于河流、湖泊、池塘和沼泽等地，特别喜欢生活于中等流速、具丰富水生植物和底质为岩石的河流中。喜晒背。杂食性，食藻类、甲壳类、昆虫、螺类、蝌蚪和鱼。

（2）形态特征。

头中等大小，吻稍突，具淡黄色或乳白色条纹（图1–198）；颌部中央条纹向后延伸，然后呈“Y”形分叉；上喙与下喙具细齿样结构（图1–199）；颈部具较宽的淡黄色条纹。

背甲卵圆形，具中央嵴棱；背甲棕色，具黄色或乳白色条纹；每枚缘盾背面具一黑色区域，其中通常具2个黄色或棕色同心圆，有些个体具1条黄色棒状条纹（图1–200）；每枚缘盾腹面具一黑色圆形斑块，斑块中央为一淡色区；背甲后缘略呈锯齿状。甲桥具1～2条黑色棒状条纹。

腹甲黄色，具黑色斑点，但可能仅存在于腹甲前部的盾片上，并随着年龄的增长而逐渐消退，故在年龄较长的个体上腹甲无斑点（图1–201）；肛盾具缺刻，但较浅。

四肢皮肤橄榄色或棕色，具黄色或乳白色条纹。尾短，具棕黑色和淡黄色相间的条纹（图1–202）。雄龟尾较粗，并具修长的前爪（图1–203）。

图1–198　河伪龟的头部

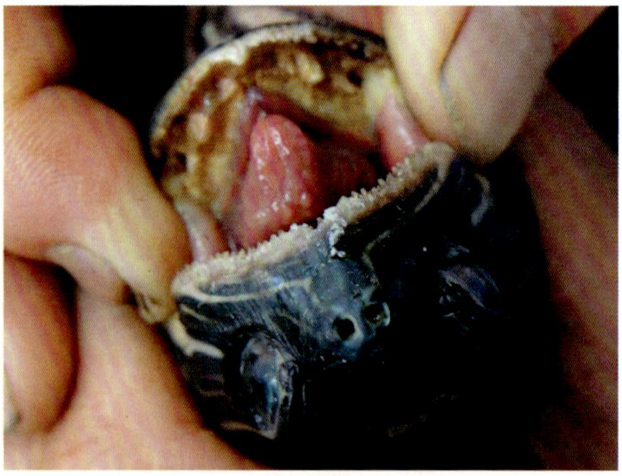

图1–199　河伪龟的喙

图1-200 河伪龟的背部

图1-201 河伪龟雌龟的腹部

图1-202 河伪龟的尾

图1-203 河伪龟雄龟修长的前爪

31. 斑点池龟

斑点池龟（*Geoclemys hamiltonii*）又称哈米顿氏龟、黑池龟、池龟。分布于印度、巴基斯坦和孟加拉国。

（1）生态特性。

栖息于具有水生植物的河流、溪流、池塘和沼泽中。肉食性，食螺类和其他的无脊椎动物，也食鱼和两栖类的幼体。

（2）形态特征。

头部宽大，吻钝，喙呈流线型；头部和颈部黑色或棕黑色，满布黄色或白色斑点（图1-204、图1-205）。

背甲长椭圆形，黑色，布满橙色、黄色、乳白色或白色的斑点，3条嵴棱明显（图1-206、图1-207）；后缘锯齿状。

腹甲黄色，具黑色大斑块或黑色放射状条纹或棕色放射状条纹（图1-208、图1-209），前缘平切，后缘深度缺刻。

四肢黑色或棕黑色，布满黄色或白色大斑点，指、趾间具蹼。尾黑色，有细小斑点，较短。

图1-204　斑点池龟头部的斑点为黄色

图1-205　斑点池龟头部的斑点为白色

图1-206　斑点池龟的背部之一

图1-207　斑点池龟的背部之二

图1-208　斑点池龟的腹部之一

图1-209　斑点池龟的腹部之二

32. 圆澳龟

圆澳龟（*Emydura subglobosa*）又称红纹曲颈龟、红纹短颈龟、红肚澳龟、红肚短颈龟。主要分布于新几内亚南部，也发现于澳大利亚昆士兰州约克角半岛的贾丁河。

（1）生态特性。

栖息于河流、湖泊和潟湖中。很少晒背。肉食性，以软体动物、甲壳类及水生昆虫为主。人工养殖时，吃鱼即可生长良好。

（2）形态特征。

头部橄榄色，头顶光滑，1条黄色条纹起源于吻部，向后延伸，经过眼眶和鼓膜的上方；1条红色条纹从下喙断断续续地延伸至颈部；颌部具两条黄色的触须；颈部背侧深灰色，腹侧浅灰色并具红色条纹。

背甲卵圆形，棕色，后部宽于前部；稚龟和幼龟具中央嵴棱（图1-210、图1-211），成龟消失（图1-212）；背甲后缘不呈锯齿状，缘盾的腹面红色，幼龟时明显。无腋盾和胯盾。

腹甲较长，较窄，无韧带，黄色，每枚盾片边缘具红色斑纹（图1-213）；后缘缺刻。

四肢灰褐色，前肢5爪，后肢4爪，指、趾间具发达的蹼。尾短，灰褐色。

图1-210　圆澳龟稚龟的背部（黎艳娟供稿）

图1-211　圆澳龟幼龟的背部（黎艳娟供稿）

图1-212　圆澳龟成龟的背部

图1-213　圆澳龟成龟的腹部

33. 黄动胸龟

黄动胸龟（*Kinosternon flavescens*）又称黄泽龟。分布于美国和墨西哥。

（1）生态特性。

栖息于长有水生植物并具泥底或沙底的沼泽、河流、小溪、湖泊及水库中。杂食性，食昆虫、甲壳类、软体动物、两栖类、腐肉及水生植物。背甲小于50 mm的幼龟主要食小的水生昆虫、藻类及腐肉。

（2）形态特征。

头中等大小，吻略突出，雄性上喙呈钩状，雌性上喙略呈钩状；头部黄色或灰色，喙白色或黄色，可具小的黑色斑点；具2对触须。

背甲黄色或棕色，盾片接缝为黑色；背甲宽，平滑，缘盾不呈锯齿状；中央嵴棱在稚龟中可见，成龟不明显；第1枚椎盾呈扇形（图1–214），前端宽，后端窄。

腹甲大，具2条韧带；黄色或棕色，盾沟黑色；肛盾微缺刻（图1–125）。

四肢黄色或灰色，指、趾间具蹼。尾短，黄色或灰色。

图1–214　黄动胸龟的背部

图1–215　黄动胸龟的腹部

34. 红面蛋龟

红面蛋龟（*Kinosternon scorpioides cruentatum*）又称红面泥龟，为蝎形动胸龟（*Kinosternon scorpioides*）的一个亚种。分布于尼加拉瓜东北部、洪都拉斯、墨西哥的韦拉克鲁斯和塔毛利帕斯州。

（1）生态特性。

栖息于溪流、河流、湖泊和池塘中，如果水体干涸，它将藏在泥底，直至下一个雨季的到来。杂食性，食鱼、螺类、两栖类、昆虫、藻类和其他植物。

（2）形态特征。

头较大，灰棕色，背面黑色，头侧具鲜红色或橙色斑点和斑纹；吻略突出，上喙钩状；颌部前面具2条大的触须，后面具2～3对较小的触须。

背甲椭圆形，平滑，隆起较高，状似鸡蛋（图1–216）；背甲黄色或橙色，具3条明显的嵴棱，但嵴棱随年龄增长而变平。甲桥棕色。

腹甲橙色，具1条韧带，能完全闭合；肛盾无缺刻（图1–217）。

四肢灰棕色，指、趾间具蹼。尾灰棕色。

图1–216　红面蛋龟的背部

图1–217　红面蛋龟的腹部

35. 麝动胸龟

麝动胸龟（*Sternotherus odoratus*）又称普通麝香龟、蛋龟。分布于美国和墨西哥。

（1）生态特性。

栖息于软底质和水流缓慢的水体中，如河流、小溪、池塘和沼泽中。杂食性，背甲50 mm以下的个体主要摄食小的水生昆虫和藻类，而背甲50 mm以上的个体则食蚯蚓、水蛭、蛤、螺、蟹、淡水螯虾、水生昆虫、鱼卵、蝌蚪、小鱼、藻类和部分高等植物。

（2）形态特征。

头灰色至黑色，吻突出，颌部具1～2对触须，喉部亦有触须；头侧面具2条黄色或白色的纵条纹，起源于吻部，向后延伸，经过眼的上面和下面至颈部。

背甲可达136 mm，椭圆形，高度隆起；稚龟和幼龟可见中央嵴棱和侧棱，成龟消失；背甲前后缘平滑（图1–218）；成龟背甲为单一的灰棕色或黑色，但幼龟具黑色斑点或黑色放射状条纹。

腹甲黄色至棕色（图1–219），仅1块喉盾，胸盾和腹盾间具韧带，后缘缺刻浅。

四肢褐色，指、趾间具蹼。尾短，褐色。

图1–218　麝动胸龟的背部

图1–219　麝动胸龟的腹部

36. 剃刀麝香龟

剃刀麝香龟（*Sternotherus carinatus*）又称剃刀龟、屋顶龟、剃刀动胸龟。分布于美国俄克拉荷马州东南部、阿肯色州中部、密西西比州南部及墨西哥湾。

（1）生态特性。

栖息于水流缓慢的小溪、池塘、溪流和沼泽中。杂食性，食昆虫、甲壳类、螺、蛤、两栖类和水生植物。

（2）形态特征。

头中等大小，灰色、浅棕色或粉红色，满布黑色小斑点；吻突出呈管状，上喙略呈钩状，颌部具1对触须；喙黄褐色，具黑色条纹。

背甲卵圆形，浅棕色至橙色，具黑色斑点或放射状条纹；中央隆起，两侧陡峭如屋顶（图1-220）；有中央嵴棱，无侧棱；背甲后缘略呈锯齿状。

腹甲黄色，缺喉盾，仅有10枚盾片，胸盾与腹盾间具韧带，肛盾轻度缺刻（图1-221）。

四肢淡橄榄色，指、趾间具蹼。尾淡橄榄色。

图1-220　剃刀麝香龟的背部

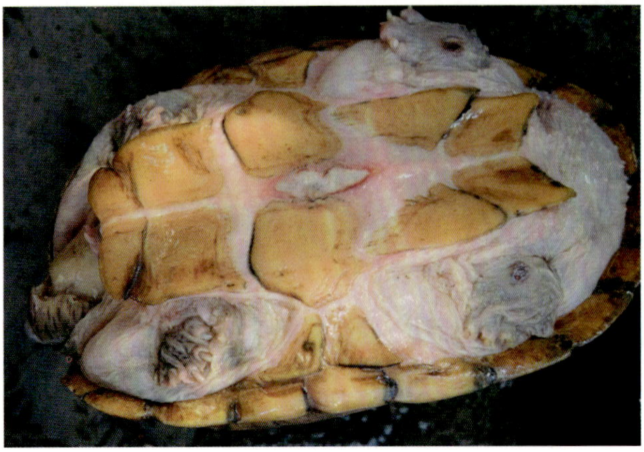

图1-221　剃刀麝香龟的腹部

37. 大麝香龟

大麝香龟（*Staurotypus triporcatus*）又称三脊麝香龟、三弦巨型麝香龟、墨西哥巨蛋龟、斑喙麝香龟。分布于墨西哥、伯利兹、危地马拉和洪都拉斯等国家。分布区域一般在海拔300 m以下的海湾及加勒比海沿岸水系，从墨西哥的韦拉克鲁斯中部向南，穿过尤卡坦半岛、伯利兹和危地马拉北部，进入洪都拉斯西部。

（1）生态特性。

栖息于水流较慢的湖泊、沼泽和大河的潟湖中。肉食性，为贪婪的捕食者，捕食多种动物，如水生昆虫、蠕虫、蛤、螺、甲壳类、鱼和两栖类等，甚至捕食较小的龟类，如白吻动胸龟和斑纹泥龟（*Kinosternon acutum*）。

（2）形态特征。

头较大，黄色至橄榄色，吻突出，头顶部和侧面均具显眼的黑色网状斑纹，下喙不呈钩状或略呈钩状，颌部具2条触须。

背甲长椭圆形，棕色，具黑色放射状条纹和斑点，具3条明显的纵棱，盾片间的接缝为黄色（图1–222）。腋盾和胯盾发达。

腹甲较小，黄色，在胸盾和腹盾间具一活动的韧带，韧带前面的腹板短于后面的腹板，无喉盾和肱盾，肛盾无缺刻（图1–223）。

四肢灰棕色，具有显眼的黑色斑块，指、趾间具蹼。尾短，灰棕色，具两排圆锥形的瘤状突起。

幼龟的背甲具黑白相间的条纹（图1–224）；腹甲较小，白色，具黑色斑块（图1–225）。

图1–222　大麝香龟的背部

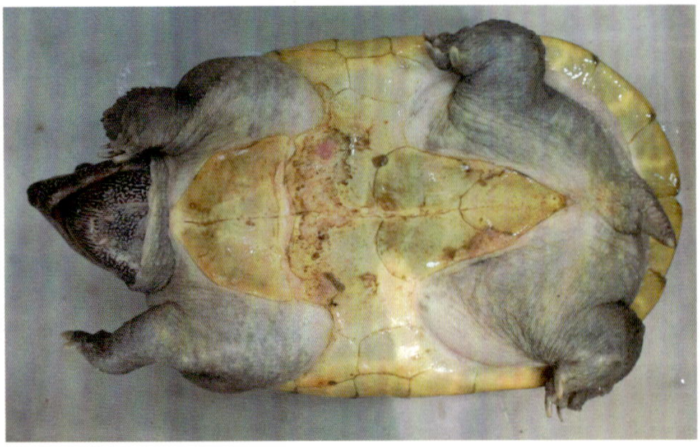

图1-223　大麝香龟的腹部

图1-224　大麝香龟幼龟的背部

图1-225　大麝香龟幼龟的腹部

38. 印度黑龟

印度黑龟（*Melanochelys trijuga*）又称黑山龟、缅甸黑山龟、金边黑山龟。分布于印度、缅甸、孟加拉国、马尔代夫、斯里兰卡、尼泊尔及查戈斯群岛。

（1）生态特性。

栖息于清澈的小河、溪流、池塘及近水的陆地。喜晒背。植食性，食水生植物。也有报道为杂食性，可吃腐肉。人工养殖时，可食鱼、虾和瘦猪肉等。

（2）形态特征。

头中等大小，棕色或黑色，顶部无鳞，吻短，喙呈“∧”形；颈部背面黑色，腹面淡黄色。

背甲椭圆形，颜色变异较大，棕红色、黑色或棕黑色；具3条纵棱，嵴棱为黄色；背甲前缘平切，后缘不呈锯齿状（图1-226）。

腹甲椭圆形，发育良好，整体棕黑色或黑色，或有黄色镶边（图1-227），就好像在黑色的腹甲中镶了金边一样，故俗称“金边黑山龟”。腹甲肛盾后缘缺刻。

四肢灰色、棕黑色或黑色，前肢前部具大鳞片，前肢与后肢的指、趾间具发达的蹼。尾短，灰色或黑色。

图1-226　印度黑龟的背部

图1-227　印度黑龟的腹部

39. 黄斑侧颈龟

黄斑侧颈龟（*Podocnemis unifilis*）又称黄头侧颈龟、黄头南美侧颈龟。分布于委内瑞拉、圭亚那、玻利维亚、秘鲁、厄瓜多尔、巴西和哥伦比亚。

（1）生态特性。

栖息于河川、湖泊、池塘和沼泽等水域中。以植物性食物为主，如水生植物和果实等。人工养殖时可吃鱼。

（2）形态特征。

头部椭圆形，灰色、橄榄色或棕色，具黄色斑块，分布于吻的上方、吻的两侧、眼眶的下面及背面；眼后的头顶具4个显眼的大斑块，中央2个为长椭圆形，外侧2个为不规则形，幼体时特别鲜艳，成体变暗淡；吻突出，眼睛较大；颌部具有1条或2条触须。

背甲卵圆形，稍隆起，具中央嵴棱；中间最宽，后缘平滑（图1–228）。

腹甲黄色，具黑斑；前部边缘半圆形，肛盾后缘缺刻；间喉盾较长，将喉盾完全分开，并将肱盾的前部分开（图1–229）。

四肢灰色至橄榄棕色，后肢边缘有3枚大鳞片。尾短，灰色至橄榄棕色。

图1–228　黄斑侧颈龟幼龟的头部和背部

图1–229　黄斑侧颈龟的腹部

40. 斑点水龟

斑点水龟（*Clemmys guttata*）又称星点水龟、黄斑石龟、斑点龟。分布于加拿大安大略省南部、美国佛罗里达州、纽约州、宾夕法尼亚州、俄亥俄州、印第安纳州、密歇根州和伊利诺伊州。

（1）生态特性。

栖息于森林浅沼泽区或水生植物丰富的水流缓慢的溪流中。喜凉爽的气候，8℃～10℃尚可见其交配，在夏天则进行夏眠。杂食性，其食谱非常丰富，包括水生植物、蠕虫、蜗牛、螺类、小甲壳类、淡水螯虾、马陆、蜘蛛及昆虫等。其中摄食的昆虫的种类很多，包括蜉蝣目、襀翅目、蜻蜓目、半翅目、脉翅目、鳞翅目、鞘翅目、双翅目、膜翅目的昆虫。许多昆虫不是水生种类，可能是在陆地上抓获的。另据报道，还可食蛙类、蚯蚓、蝇蛆、绿藻及水生植物。人工养殖条件下，可食新鲜鱼、罐头鱼、西瓜和哈密瓜。

（2）形态特征。

头中等大小，黑色，头顶部、侧面和颈部均有黄色圆形斑点。

背甲较宽，椭圆形，平滑，无嵴棱，有圆形黄色斑点（图1–230），斑点可随年龄的增长而消退，一些老年个体无斑点。

腹甲黄色或浅橙色，外缘具大的黑色斑块，在有些成体黑色斑块可覆盖整个腹甲，后缘缺刻（图1–231）。

四肢黑色，具黄色或浅红色斑点。尾黑色。

雄龟与雌龟有明显的区别。雄龟具黄褐色的颌部、棕色的眼、长而粗的尾及稍凹的腹甲，而雌龟则具黄色的颌部、橙色的眼及平坦或稍凸的腹甲。

图1–230　斑点水龟的背部

图1–231　斑点水龟的腹部

41. 欧洲泽龟

欧洲泽龟（*Emys orbicularis*）又称欧洲池塘龟、欧洲龟、流星泽龟。其分布范围广泛，包括伊朗、土耳其、拉脱维亚、立陶宛、德国、希腊、意大利、法国、西班牙、葡萄牙、摩洛哥、阿尔及利亚、突尼斯等国。

（1）生态特性。

生活于水流缓慢、有泥或沙的软底质及水生植物丰富的水体中，如池塘、湖泊、沼泽、湿地、小溪、河流及排水沟渠等。喜晒背。肉食性，其食物包括昆虫、甲壳类、软体动物、蠕虫、蛙类和鱼类。

（2）形态特征。

头中等大小，背面黑色，具黄色斑点（图1–232），颌部和喉部褐色，满布淡黄色小突起（图1–233）。

背甲黑色、橄榄棕色或棕色，卵圆形，满布黄色放射状条纹或斑点（图1–234）；稚龟可见3条嵴棱，幼龟只见中央嵴棱，成龟时嵴棱可消退；背甲的最宽处在中部后，椎盾宽大于长，第5椎盾最宽；背甲后缘不呈锯齿状。

腹甲大，黑色、棕黑色或黄色，每块盾片具黑色斑块或斑纹（图1–235、图1–236）；在胸盾和腹盾间有一可活动的韧带，成体龟的腹甲不能完整闭合；通常缺少腋盾和胯盾，即使存在也很小并发育不全。

四肢黑色或棕色，布满黄色细小斑点，指、趾间具蹼。尾较长，黑色或棕色，密布黄色斑点（图1–237）。

图1–232　欧洲泽龟头部的背面

图1–233　欧洲泽龟的颌部和喉部

图1-234　欧洲泽龟成龟的背部

图1-235　欧洲泽龟幼龟的腹部

图1-236　欧洲泽龟成龟的腹部

图1-237　欧洲泽龟的尾

42. 粗颈龟

粗颈龟（*Siebenrockiella crassicollis*）又名白颊龟、牛屎龟。分布于越南南部、泰国、缅甸和马来西亚。

（1）生态特性。

栖息于水流缓慢、底质柔软和具有丰富水生植物的水体中，如浅的溪流、河流、池塘、湖泊和沼泽等地。杂食性，可食蠕虫、螺类、蛞蝓、虾和两栖类，也食腐肉和腐烂的植物。粗颈龟主要生活于水底，大部分时间藏在泥中，偶尔也晒背。

（2）形态特征。

头大且宽，吻短并略突出；头黑色或黑灰色（图1–238），眼后具淡白色、乳白色或黄色斑点；头后部覆盖小鳞片；颊部白色（图1–239）；颈部较粗，黑色或黑灰色。

背甲椭圆形，黑色或暗棕色；具3条嵴棱，中央嵴棱明显，两侧嵴棱随年龄的增长而逐渐变得不清晰；背甲后缘锯齿状（图1–240）。甲桥黄色或棕色，具黑色斑点，腋盾和胯盾较大。

腹甲发育良好，无韧带，黄色或棕色，具黑色斑纹（图1–241）；肛盾具缺刻。

四肢灰色或黑色，指、趾间具蹼，前肢前部具大的鳞片。尾灰色或黑色。

图1–238　粗颈龟的头部

图1–239　粗颈龟的颊部为白色

图1–240　粗颈龟的背部

图1–241　粗颈龟的腹部

43. 德州地图龟

德州地图龟（*Graptemys versa*）又称德克萨斯图龟、地图龟、花图龟。分布于美国得克萨斯州中部的科罗拉多河流域。

（1）生态特性。

栖息于河流、沼泽和小溪等地。杂食性，人工饲养时，可食牛肉、鸡肉、鱼肉、昆虫及莴苣。

（2）形态特征。

头部较窄，橄榄色，吻稍突出；每侧眼眶后具橙色或黄色、纵向或“J”形条纹；颈部每侧各有3～6条细的黄色条纹向前延伸，经过鼓膜到达眼眶；颌部常有1条具黑色镶边的橙色或黄色条纹。其余部位橄榄色，具许多由黑线包围的黄色区域。

背甲椭圆形，橄榄色，中央嵴棱具较低的尖形结节（图1–242），结节前部黄色；背甲盾片明显凹陷，具黄色网状条纹；缘盾背面具黄色网状条纹，腹面具不规则的、由黑色细条纹包裹的黄色斑点；背甲后缘锯齿状。

腹甲发育良好，黄色（图1–243），后缘缺刻。

四肢橄榄色，具黄色纵纹。尾短，橄榄色。

图1–242　德州地图龟的背部

图1–243　德州地图龟的腹部

44. 沃希托地图龟

沃希托地图龟（*Graptemys ouachitensis*）又称斑点地图龟、和纹地图龟。分布于美国的得克萨斯州、路易斯安那州、内布拉斯加州、明尼苏达州、威斯康星州、印第安纳州、俄亥俄州及西弗吉尼亚州等地。

（1）生态特性。

生活于较大的河流、湖泊及沼泽地，喜晒背。杂食性，食藻类、各种高等水生植物、软体动物、昆虫、蠕虫、淡水螯虾和鱼。

（2）形态特征。

头中等大小，橄榄色至棕色，具淡黄色纵条纹；眼后具长方形黄色斑纹；颈部和颌部有许多较窄的黄色条纹，颈部延伸的条纹有1～3条到达眼眶；在头部两侧各有2个大的明亮的斑点，一个在眼的下方，另一个在下喙的下方。

背甲卵圆形，橄榄色至棕色，具有明显的中央嵴棱，其上有低刺（图1-244）；每枚盾片上具黄色条纹或黑色斑块。甲桥有黑色条纹。

腹甲淡黄色，具棕色和黑色条纹，后缘微缺刻（图1-245）。

四肢布满黄色纵条纹，雄龟有修长的前爪。尾短，具黄色条纹。

图1-244　沃希托地图龟的背部

图1-245　沃希托地图龟的腹部

45. 拟地图龟

拟地图龟（*Graptemys pseudogeographica*）又称伪图龟、丽图龟。分布于美国威斯康星州、路易斯安那州和得克萨斯州中的密西西比河流域。

（1）生态特性。

栖息于湖泊、池塘、沼泽和大河中，喜爱有丰富水生植物的水体，喜晒背。杂食性，可食藻类、水生植物、昆虫、软体动物和鱼。

（2）形态特征。

头中等大小，橄榄色至棕色，满布黄色条纹，头顶正中具一较宽的黄色条纹；眼后具宽的黄色L形斑块，与直达颈部的黄色条纹相连；具眼线；颈部满布黄色条纹，有4～7条纵纹直达眼部。

背甲圆形，橄榄色或棕色，中央嵴棱明显，其上具很低的棘；每枚盾片上具黄色细条纹，似地图状；后缘锯齿状（图1-246）。甲桥具淡黄色条纹。

腹甲淡黄色，有黑色线形图案（图1-247），幼龟明显，成龟消退；后缘缺刻。

四肢橄榄色至棕色，布满黄色细条纹。尾短。

雌龟背甲长度可达270 mm，雄龟背甲长度约为150 mm。

图1-246　拟地图龟的背部

图1-247　拟地图龟的腹部

46. 扁东方龟

扁东方龟（*Heosemys depressa*）又称缅甸山龟、锯齿东方龟、扁山龟、竹叶龟、亚洲山龟、东方扁龟。分布于缅甸。

（1）生态特性。

栖息于缅甸西部阿拉干（Arakan）山区的浅水坑（水深2～3cm）中。

（2）形态特征。

头中等大小，灰色或棕色，吻稍突出，上喙具齿状突起；头背部具鳞片，眼部虹膜为棕色；颈部黄棕色。

背甲扁平，中央嵴棱明显（图1-248）；浅棕色，具黑色斑纹；缘盾后缘锯齿状。甲桥黑色或黑棕色。

腹甲黄色或黄褐色，每一枚盾片上均具黑棕色或黑色斑点或放射状条纹（图1-249）。

四肢黄棕色，前肢前部具黑色的方形大鳞片；后肢扁平，覆盖有小鳞片；前肢五爪（图1-250），后肢四爪（图1-251）；爪发达，微蹼。尾黄棕色。

图1-248　扁东方龟的背部

图1-249　扁东方龟的腹部

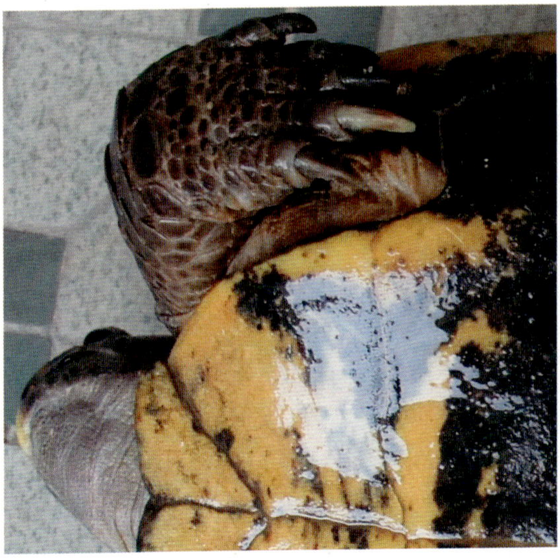

图1-250　扁东方龟的前肢

图1-251　扁东方龟的后肢

47. 日本拟水龟

日本拟水龟（*Mauremys japonica*）又称日本石龟。分布于日本的本州岛、九州岛和四国岛。

（1）生态特性。

栖息于池塘、溪流和沼泽中。喜晒背，有时在陆地上活动。杂食性，但更喜爱动物性食物，可食鱼、蛙类、蚯蚓、昆虫和杂草。

（2）形态特征。

头小，吻稍突；头顶光滑，浅棕色（图1–252）；头侧、喙和颌部具黑色斑点（图1–253）；颈部棕色，具黑色条纹。

背甲棕色，具中央嵴棱，侧棱稚龟时明显，成龟不明显（图1–254）；椎盾宽径大于长径；缘盾后缘平滑或呈锯齿状。甲桥棕色或黑色。

腹甲扁平，黑色或棕色，后缘缺刻（图1–255）。

四肢深棕色，具一些浅黄色条纹。尾深棕色，背面具浅黄色条纹。

图1–252　日本拟水龟头部的背面

图1–253　日本拟水龟的颌部

图1–254　日本拟水龟的背部

图1-255　日本拟水龟的腹部

48. 希氏蟾头龟

希氏蟾头龟（Phrynops hilarii）又称蟾龟、希氏蟾龟、斑点肚侧颈龟。分布于巴西、乌拉圭和阿根廷。

（1）生态特性。

栖息于具有柔软底质和丰富水生植物的水体中，如池塘、湖泊和沼泽地。肉食性，食鱼和软体动物等。人工饲养时，也可食肉类。

（2）形态特征。

头大而宽，吻突出；头背面覆盖不规则形的鳞片，前额鳞明显；头灰色或橄榄色，头的每侧具1条清晰的黑色条纹（图1-256），该条纹起于鼻孔，向后延伸，经眼、鼓膜至颈部，条纹下的头部和颈部白色或乳白色；喙黄色；颌部具2条触须（图1-257）；每侧颌部具1条起于触须后面的黑色条纹；喉部乳白色，具黑色条纹和黑色斑点；颈部具黑色斑点和结节状物。

背甲卵圆形，扁平，前缘平滑；深棕色、橄榄色或灰色；缘盾外缘黄色；背甲中的盾片常有皱纹；中央嵴棱在幼龟时明显，成龟时不显著；第1至第3枚椎盾和第5枚椎盾宽径大于长径（图1-258），第4枚椎盾长径与宽径相等或略长于宽径；颈盾长而窄。甲桥较宽，黄色。

腹甲发育良好，前叶宽于后叶；间喉盾完全分隔喉盾；腹甲黄色，每枚盾片上均具不规则形的黑色斑块（图1-259）；肛盾缺刻。

四肢前部和侧面灰色或橄榄色，底部乳白色（图1-260）；指、趾黑色，蹼发达。尾短，腹面乳白色，具黑色斑块（图1-261）。

图1-256　希氏蟾头龟的头部

图1-257　希氏蟾头龟的颌部

图1-258　希氏蟾头龟的背部

图1-259　希氏蟾头龟的腹部

图1-260　希氏蟾头龟后肢的腹面

图1-261　希氏蟾头龟尾的腹面

49. 玛塔龟

玛塔龟（*Chelus fimbriatus*）又称枯叶龟、蛇颈龟、玛塔蛇颈龟，是世界上最奇特的动物之一。分布于玻利维亚、秘鲁、厄瓜多尔、哥伦比亚、委内瑞拉、圭亚那、巴西及特立尼达岛。

（1）生态特性。

栖息于缓流和水体呈黑色的溪流、湖泊、池塘及沼泽中，生活于水体的浅水处，使吻能伸出水面进行呼吸，这样可使它模拟长着藻类的岩石，躺在水底而不运动即可进行长时间的呼吸，为其实施独特的捕食策略打下基础。当它进行运动时，喜好在水底爬行而不是游泳。幼龟泳技很差，成龟可能因笨重而不喜欢游泳。晒背罕见。

玛塔龟为肉食性，食水生无脊椎动物和鱼。其捕食策略很有趣。它奇特的结构及藻类附着的伪装，使其扮演“等待和突然袭击”捕食者的角色。当捕猎时，其头部松弛的皮质扁平物和颈部的摆动使其看上去好像一簇水生植物，使猎物丧失警惕。当猎物进入可捕获的范围内时，玛塔龟会突然出击，头和颈部快速向前伸出，张开大口，依靠产生的低压将猎物吸入口内，然后排出多余的水分，吞下猎物。有时也把鱼赶入浅水处捕捉，特别是在幼龟时期。

（2）形态特征。

头大，三角形，非常扁，灰棕色，具许多皮质的结节状扁平物；吻长，呈管状（图1-262）；具2条圆锥形的触须，另有2条丝状触须；颈很长，背面灰棕色，腹面粉红色（图1-263），具许多结节状突起物。

背甲椭圆形，棕色或黑色；前缘平直，后缘深度锯齿状；侧面缘盾略呈锯齿状；颈盾1枚，较小；幼龟的第1至第4枚椎盾宽径大于长径，以后随着年龄的增长，第2至第4枚椎盾加长，变成长径与宽径基本相等或长径大于宽径；第5枚椎盾长径大于宽径；具结节状的中央嵴棱和侧棱，形似鳄龟（图1-264）；每枚盾片均有生长年轮和许多皱纹，此结构为藻类提供了良好的附着点。甲桥窄，黄色或棕色，具腋盾和胯盾。

腹甲窄长，黄色或棕色，具喉间盾，肛盾缺刻（图1-265）。

四肢灰棕色，前肢5爪，指、趾间具蹼。尾短。

雄龟腹甲凹陷，尾较长和较粗。

图1-262 玛塔龟的头部

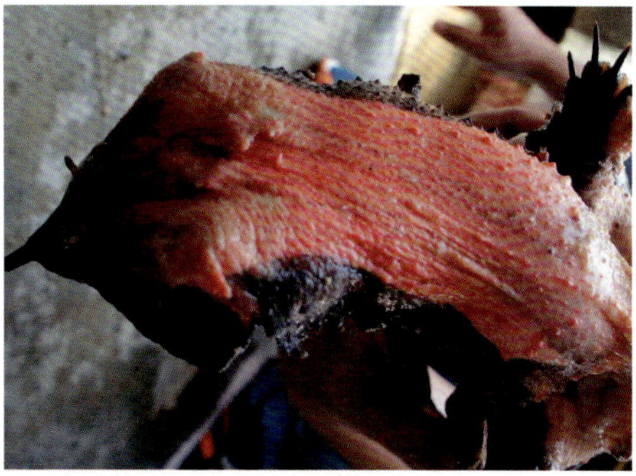

图1-263 玛塔龟的颈部

图1-264 玛塔龟的背部

图1-265 玛塔龟的腹部

50. 扁头长颈龟

扁头长颈龟（*Chelodina siebenrocki*）又称扁头蛇颈龟、西氏蛇颈龟、西氏长颈龟。分布于印度尼西亚、巴布亚新几内亚及托雷斯海峡部分岛屿。

（1）生态特性。

栖息于近海的小型河川，湿地或沼泽中。喜潜入淤泥中，无晒背习性。肉食性，喜食蚯蚓、黄粉虫、孑孓、小鱼、小虾、螺肉、瘦猪肉等。

（2）形态特征。

头部较扁平，喙呈流线型，无齿样结构；颈部较长（图1-266），约为背甲长的0.8倍，不能缩入甲壳内，只能藏匿于甲壳侧部。

背甲长椭圆形或卵圆形，棕褐色，最宽处在后部，缘盾边缘平滑。

腹甲黄色或淡棕色，较长，无斑点；间喉盾较大，近似六边形（图1-267）；肛盾后缘缺刻。

四肢背面深灰色，腹面淡灰色，前后肢均具4爪，指、趾间具较发达的蹼。尾短。

图1-266　扁头长颈龟的头颈部和背部

图1-267　扁头长颈龟的腹部

51. 黑腹刺颈龟

黑腹刺颈龟（*Acanthochelys spixii*）又称蛇颈刺龟。分布于巴西、巴拉圭、乌拉圭及阿根廷等国。

（1）生态特性。

栖息于亚马孙河流域。喜晒背。杂食性，以蠕虫、昆虫、蜗牛、小鱼、小虾和一些小型的两栖动物为食，偶尔也会啃食水生植物。该龟对水的酸碱度十分敏感，特别是野生个体，如果水质pH低于5.5，龟甲和皮肤容易出现剥落和脱皮。最理想的水质为pH5.5～6.0的范围。

（2）形态特征。

头橄榄色或白色，覆盖着许多鳞片，颌部淡黄色，有两枚小的灰色触须，颈背部有许多硬棘状的长刺。

背甲椭圆形，暗灰色或黑色（图1–268），较平直，第1椎盾最大，第2～4椎盾中央凹陷，呈沟状；后缘轻微锯齿状。

腹甲黑色，故称黑腹刺颈龟。间喉盾发达，略呈三角形；肛盾后缘缺刻（图1–269）。

四肢暗灰色或黑色，较粗壮，前肢前部具大鳞片，指、趾间具蹼。尾较短。

图1–268　黑腹刺颈龟的背部

图1–269　黑腹刺颈龟的腹部

（二）半水栖龟类

目前养殖的半水栖龟类中，既有国产的龟类，也有国外引进的龟类。国产龟类有黄缘闭壳龟、黄额闭壳龟、锯缘闭壳龟、齿缘摄龟和地龟等，其中养殖最多的是黄缘闭壳龟。国外引进的龟类有布氏闭壳龟、木雕龟和三棱黑龟等。

1. 黄缘闭壳龟

黄缘闭壳龟（*Cuora flavomarginata*）又称黄缘盒龟、夹板龟、黄板龟、呷蛇龟、夹蛇龟、驼背龟、金头龟、断板龟。国内分布于安徽、湖北、湖南、江苏、浙江、福建、台湾、广东、广西、江西、河南、重庆等省（自治区），国外分布于日本。

（1）生态特性。

生活于亚热带丘陵山区的丛林、溪流、湖泊的近水湿地，也出没于稻田和杂草丛中。栖息于杂草树根、灌木和岩缝中。不能生活在深水中，也不能长时间生活在干燥环境中，喜欢洗浴和饮水，较耐饥饿，但不耐渴，下雨时喜爬出活动、觅食。杂食性，喜食蚯蚓、蝇蛆、黄粉虫、蜗牛、小鱼、小虾、蛙、蛇、螺、蚬、香蕉和植物茎叶等食物。人工饲养时，可食瓜果、蔬菜、红薯、瘦猪肉及家禽内脏等。

（2）形态特征。

头部光滑，吻短，上喙钩形；头背黄绿色，眼后至枕部有一条鲜明的金黄色纵条纹，后端变粗，两侧连起来看似“U”形（图1–270）；头侧淡橘红色或淡黄色，鼓膜圆形且显著（图1–271～图1–273）；颌部和喉部橘黄色（图1–274），颈部黄色或淡橘红色（图1–275）。

背甲高而隆起（图1–276），壳高约为壳长的1/2；每片椎盾窄于相应的肋盾；中央嵴棱明显，呈黄色；侧棱在稚龟、幼龟和亚成体时较明显（图1–277～图1–279），成龟时不明显（图1–280）；每块盾片上均有同心环纹；颈盾1枚，倒钟形；椎盾5枚，肋盾4对，缘盾11对，臀盾1对；背甲棕黑色，有的龟在椎盾及肋盾中央具暗红色大斑块（图1–281）或红色大斑块（图1–282）；背甲周边及缘盾腹面均为黄色，有些龟背甲缘盾上可见淡棕色的斑块（图1–283）。

腹甲长椭圆形，黑色（图1–284～图1–286），龟龄较长时可变成黑褐色（图1–287），肛盾单枚，后缘圆形；胸盾与腹盾之间具韧带，腹甲与背甲可完全闭合。

四肢具覆瓦状排列的大型鳞片（图1–288），前肢5爪，后肢4爪，两后肢之间及尾部的皮肤具疣粒，指、趾间具半蹼。尾黄色，其背面中央及两侧均具黑色纵纹（有些个体只在背面中央有黑色纵纹），腹面中央具两列黑色小斑块（图1–289）。

产于台湾的黄缘闭壳龟（简称“台缘”），其背甲隆起较低，中央嵴棱突起不明显，体型较长和较宽（图1–290、图1–291）。

图1-270　黄缘闭壳龟头部的背面（毕悦供稿）

图1-271　黄缘闭壳龟稚龟头部的侧面（毕悦供稿）

图1-272　黄缘闭壳龟幼龟头部的侧面（毕悦供稿）

图1-273　黄缘闭壳龟成龟头部的侧面（毕悦供稿）

图1-274　黄缘闭壳龟的颌部

图1-275　黄缘闭壳龟的颈部

图1-276　黄缘闭壳龟的背部（毕悦供稿）

图1-277　黄缘闭壳龟稚龟的背部（毕悦供稿）

图1-278　黄缘闭壳龟幼龟的背部

图1-279　黄缘闭壳龟亚成体的背部（毕悦供稿）

图1-280 黄缘闭壳龟成龟的背部

图1-281 椎盾与肋盾中央具暗红色大斑块（毕悦供稿）

图1-282 椎盾与肋盾中央具红色大斑块

图1-283 缘盾上具淡棕色斑块

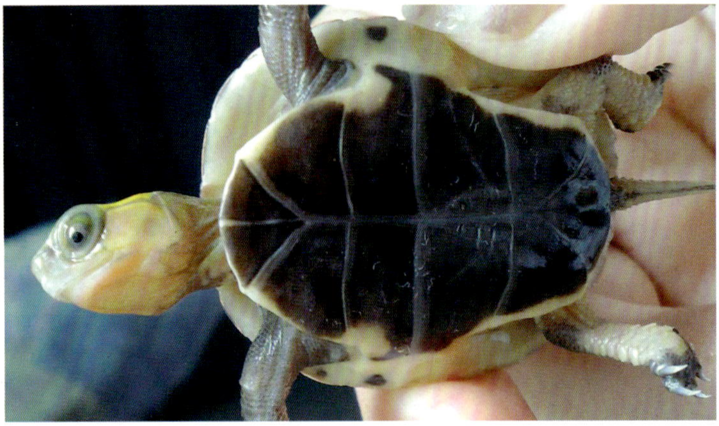
图1-284　黄缘闭壳龟稚龟的腹部（毕悦供稿）

图1-285　黄缘闭壳龟幼龟的腹部（毕悦供稿）

图1-286　黄缘闭壳龟成龟的腹部

图1-287　黄缘闭壳龟的腹甲为黑褐色（毕悦供稿）

图1-288　黄缘闭壳龟的前肢

图1-289　黄缘闭壳龟的尾

图1-290　“台缘”的背部

图1-291　“台缘”的腹部

2. 黄额闭壳龟

黄额闭壳龟（*Cuora galbinifrons*）又称黄额盒龟、海南闭壳龟、花金钱、金头龟、梅花盒龟。国内分布于海南，国外分布于越南。

（1）生态特性。

栖息于海拔较高的森林中。杂食性，可食多种植物，如香蕉、草莓、樱桃、苹果、梨、西红柿、莴苣和一些花蕾；动物性食物包括猪肉、猪肝、牛肝及龟的配合饲料等。人工饲养时，成活率较低，对新环境的适应能力较差。

（2）形态特征。

头部较宽，吻短，头顶乳白色，具黑色斑点（图1–292），头侧有1条黑色纵纹。颌部黄色，具黑色斑纹（图1–293）。

背甲椭圆形，中央隆起较高，后缘不呈锯齿状，幼龟具中央嵴棱，成龟中央嵴棱消失，第1椎盾前部较宽，其长与宽基本相等，第2至第4椎盾的长与宽相等或稍宽，第5椎盾后部较宽，肋盾比相应的椎盾较宽，背甲中央有1条黄色或乳白色纵纹。椎盾和肋盾的上部为黑棕色或橄榄色（图1–294），通常有黑色斑点或斑纹；肋盾下部的2/3或3/4为黄色，具黑色斑点和放射状条纹。

腹甲较大，能完全闭合，整体黑色或略有黄斑（图1–295）；肛盾后端圆形，无缺刻。

四肢橄榄色，前肢前部具较大的黄色或橙色鳞片，后肢的鳞片较小；指、趾间蹼不发达。尾短，橘红色。

图1–292　黄额闭壳龟头部的的背面

图1–293　黄额闭壳龟的颌部

图1-294 黄额闭壳龟的背部

图1-295 黄额闭壳龟的腹部

3. 布氏闭壳龟

布氏闭壳龟（*Cuora bourreti*）又称花背箱龟、黄额盒龟。分布于越南、老挝和柬埔寨。

（1）生态特性。

栖息于湿润阴凉的森林中。杂食性，食昆虫、虾、鱼、蔬菜、西红柿及水果等。

（2）形态特征。

头部光滑，顶部黄橙色，有较大的黑色斑块。

背甲较低平，色斑与黄额闭壳龟相似，但肋盾下部乳白色或淡黄色，通常无放射状条纹（图1-296）。

腹甲淡黄色或乳白色（图1-297），每一枚盾片上具大的黑色斑块。

指、趾间微蹼。尾短。

图1-296 布氏闭壳龟的背部

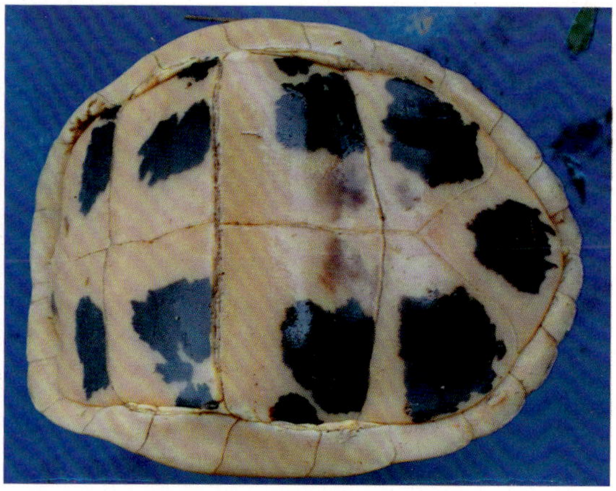

图1-297 布氏闭壳龟的腹部

4. 锯缘闭壳龟

锯缘闭壳龟（*Cuora mouhotii*）又称锯缘摄龟、锯缘龟、八角龟、方龟、平背龟。分布于我国的广东、广西、海南、云南和湖南。国外分布于越南、泰国、老挝、印度和缅甸。

（1）生态特性。

生活于山区丛林、灌木丛及小溪中，喜栖息于竹林的根下，在雨季或下午出来活动，喜暖怕寒。杂食性，喜食蚯蚓、蟋蟀、蜗牛、蝗虫、黄粉虫、蛞蝓和蠕虫等。人工饲养时，可食各种肉类、虾、昆虫、香蕉和西红柿等。

（2）形态特征。

头中等大小，顶部棕黄色，密布细小黑色虫纹；头顶后部具大鳞，上喙钩形；头侧眼眶和鼓膜之间具1～2条镶有黑边的淡黄色斑纹。

背甲卵圆形，棕红色，顶部平坦，具3条显著的纵嵴棱，侧棱与中央嵴棱在同一平面；背甲前缘无齿，后缘具8齿（图1-298）。

腹甲黄色，边缘具不规则黑斑；胸盾与腹盾之间具韧带，但腹甲小于背甲的开口，故闭合不完全，头和四肢不能全部缩入壳内（图1-299）。

四肢扁平，黑褐色，具覆瓦状鳞片。指、趾间具半蹼。尾短小，黑褐色。

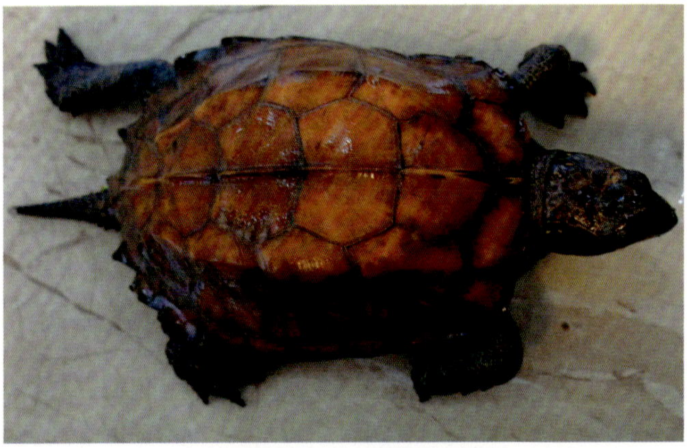

图1-298　锯缘闭壳龟的背部

图1-299　锯缘闭壳龟的腹部

5. 齿缘摄龟

齿缘摄龟（*Cyclemys dentata*）又称齿缘龟、锯缘圆龟、版纳摄龟。中国分部于云南和广西。国外分布于印度北部、缅甸、泰国、越南、柬埔寨、菲律宾、马来西亚、苏门答腊岛、爪哇岛、加里曼丹岛等地。

（1）生态特性。

栖息于山区和低地的浅溪流中。杂食性，食鱼、虾、泥鳅、蜗牛、芒果、西瓜及桑葚等食物。仅少量饲养。

（2）形态特征。

头顶平滑，红棕色，具许多黑色斑点（图1–300）；头的侧面和颌部为黑棕色，颈部具橘红色条纹，但不延伸至头部（图1–301）；吻稍前突；上喙略呈钩形。

背甲卵圆形，稍隆起，中央具1条嵴棱；背甲后缘锯齿状（图1–302）；背甲盾片表面光滑，颜色变化较大，从淡棕色、棕褐色、黑色、橄榄色至赤褐色；每枚盾片和缘盾腹部均具黑色放射状条纹。

腹甲大，在舌板和下板之间存在韧带，使腹部前半部可活动，但腹部不能完全闭合。在成体，腹甲与背甲连接处为韧带。腹甲前缘稍突出，后缘缺刻，黄色至淡棕色，每枚盾片均具黑色放射状条纹（图1–303）。

四肢淡棕色，前部表面具大的鳞片，蹼在幼体明显。尾细短，黑褐色。

图1–300 齿缘摄龟的头部

图1–301 齿缘摄龟的颈部

图1–302 齿缘摄龟的背部

图1–303 齿缘摄龟的腹部

6. 地龟

地龟（*Geoemyda spengleri*）又称十二棱龟、金龟、枫叶龟、树叶龟、黑胸叶龟、长尾山龟、泥龟。国内分布于广东、广西和海南，国外分布于越南、苏门答腊岛和加里曼丹岛。

（1）生态特性。

栖息于山中溪流、水塘附近。杂食性，喜食蚯蚓、蚂蚁、蟋蟀和黄粉虫等，也食香蕉、苹果、黄瓜、草莓和西红柿等。人工饲养时，可食龟的配合饲料，但仍偏食蚯蚓和黄粉虫，不吃鱼和肉。仅少量饲养。

（2）形态特征。

头扁平，短小，顶部平滑无鳞，吻尖而窄，上喙钩形；头部橄榄色至棕色，头侧具淡黄色或棕红色条纹并从眼眶延伸至颈部。

背甲呈枫叶状，背甲橘黄色或橘红色，微隆起；具3条嵴棱，中央嵴棱最发达；前后缘均呈锯齿状，后缘更明显（图1–304）；沿嵴棱散布着一些黑色斑点。甲桥暗棕色或黑色。

腹甲大，长椭圆形，前缘凹，后缘缺刻；腹甲暗棕色或黑色，具有黄色边纹（图1–305）。

四肢灰棕色，前肢前部具大的、覆瓦状的鳞片，后肢的跟部也有大鳞片，指、趾间蹼极少。臀部和尾基部有小的结节状突起。尾灰棕色，背部具2行矩形鳞。

图1–304　地龟的背部

图1–305　地龟的腹部

7. 三棱黑龟

三棱黑龟（*Melanochelys tricarinata*）又称三龙骨龟、三脊棱龟。分布于印度的阿萨姆邦和孟加拉国。

（1）生态特性。

该龟在自然界中的栖息环境和食性不详，人工饲养时，可食蚯蚓、黄粉虫、小鱼、小虾、蔬菜及水果。

（2）形态特征。

头棕红色或黑色，两侧各具1条红色或淡黄色条纹，条纹从鼻孔处发出，经眼眶、鼓膜上方延伸至颈部；另有1条相似颜色的条纹从喙部向后延伸。

背甲长可达163 mm，长椭圆形，棕红色或黑色，有3条黄色或棕色嵴棱，椎盾宽径大于长径（图1–306）。

腹甲较长，黄色或橙色，后缘缺刻（图1–307）。

四肢具黄色斑点，爪很长；前肢前部具方形或尖的大鳞片，指、趾间具半蹼；后肢圆柱形，一般无蹼，如果有蹼，也是微蹼。尾短。

雄性腹甲稍凹，尾较长和较粗，泄殖孔在腹甲后缘外面。在较老的雄性个体中，头部的条纹可消失。年长的雌性腹甲下板仅由韧带与背甲相连，使腹甲后部可稍微移离背甲，有利于产卵。

图1–306　三棱黑龟的背部

图1–307　三棱黑龟的腹部

（三）陆栖为主的龟类

1. 木雕龟

木雕龟（*Glyptemys insculpta*）又称木雕水龟、木纹龟、森林水龟、森石龟。分布于美国和加拿大。其分布范围从加拿大的新斯科舍省南部到美国弗吉尼亚州的北部，向西穿过加拿大安大略省南部和美国的纽约州到俄亥俄州东北部、密歇根州、威斯康星州、明尼苏达州东部和艾奥瓦州东北部。

（1）生态特性。

栖息于落叶林、林地的沼泽、泥塘和湿地中。白天活动，常在陆地上觅食；喜在上午晒背；在夏天干燥的时候，常在泥泞的水坑中泡澡；冬天在河床的泥底中或河堤的洞穴中冬眠。杂食性，食藻类、苔藓、水草、柳树叶、草莓、黑莓、昆虫、软体动物、蚯蚓及蝌蚪等。人工养殖时，可食苹果、罐装狗粮及煮熟的鸡蛋等食物。

（2）形态特征。

头较大，黑色，上喙不呈钩状；颈部常具一些橙色或红色的斑点。

背甲灰色至棕色，具黑色或黄色放射状条纹，年轮明显（图1–308），具中央嵴棱；第2椎盾至第5椎盾宽径大于长径，后部缘盾锯齿状，缘盾腹面和甲桥具黑斑。

腹甲黄色，每枚盾片上均具不规则形黑斑（图1–309），肛盾后缘缺刻。

四肢较粗壮，棕红色，前肢常具一些橙色或红色的斑点；前肢5爪，后肢4爪，指、趾间的蹼不发达。尾长，黑色。

图1–308 木雕龟的背部

图1–309 木雕龟的腹部

2. 锦箱龟

锦箱龟（*Terrapene ornata*）又称丽箱龟、绚丽箱龟、饰纹箱龟。分布于美国和墨西哥。在美国，分布范围较广，包括伊利诺伊州、艾奥瓦州、南达科他州、怀俄明州、路易斯安那州、得克萨斯州、新墨西哥州、亚利桑那州、印第安纳州和威斯康星州。在墨西哥仅分布于索诺拉州和奇瓦瓦州。

（1）生态特性。

锦箱龟是一种生活于大草原的龟，栖息于无树的草原或灌木丛中。每天的活动由晒背、寻找食物和休息三部分组成，各部分时间的长短依气候环境而定。在每天的黎明时分，锦箱龟从晚上的藏身处出来，在太阳底下晒背一段时间后开始寻找食物，虽然在较阴凉的地方可整天均在寻找食物，但常在中午时停止活动，寻找遮阴处进行休息，午后又出来活动，至傍晚时停止活动。当夏天气温升高时，中午休息时间延长，有时在池塘的水中度过最热的时候。在雷阵雨的前后特别活跃。10月开始冬眠，次年的3月或4月出眠。

杂食性。在自然界中主要食昆虫，其食物的90%均为昆虫，如甲虫、昆虫幼虫和蝗虫等，其中金龟子科的甲虫是其最重要的食物，也食桑葚及腐肉。人工养殖时，可食黄粉虫、瘦猪肉、香蕉和西红柿等。

（2）形态特征。

头中等大小，顶部光滑，棕色或绿色，吻不突出；头背面具黄色斑点，喙黄色，头部其余部位棕黑色，具黄色斑点。

背甲隆起较高，圆形或卵圆形，后缘不呈锯齿状；背甲顶部扁平，无嵴棱（少数个体可在第3椎盾后部和第4椎盾前部出现不明显的中央嵴棱）；椎盾宽径大于长径，第1缘盾常呈不规则卵圆形或三角形；背甲棕黑色或棕红色，背中线具黄色条纹，每枚盾片上均具放射状黄色条纹（图1–310）。无甲桥；通常也无腋盾，如有则位于第5缘盾处。

腹甲与背甲等长或略长于背甲，在胸盾和腹盾间具韧带，将腹甲分成可活动的前半部和后半部；腹甲黄色，每枚盾片上均具放射状黑色条纹（图1–311）；肛盾后缘平滑。

四肢具淡黄色鳞片，前肢5爪，前肢前部具大鳞片；后肢通常具4爪，少数个体仅3爪；指、趾间仅有少量蹼。尾较短，背面有黄色条纹。

雄龟的虹膜红色，腹甲后半部略凹陷；雌龟虹膜棕黄色，腹甲平坦或略凸起。雌龟大于雄龟。

图1–310　锦箱龟的背部

图1–311　锦箱龟的腹部

3. 三爪箱龟

三爪箱龟（*Terrapene carolina triunguis*）为卡罗来纳箱龟的6个亚种之一。分布于美国的密苏里州、亚拉巴马州和得克萨斯州。

（1）生态特性。

栖息于开阔的林地、牧场和沼泽中的草地上。杂食性，主要食螺类、蠕虫、昆虫、甲壳类、蛙类等。

（2）形态特征。

头中等大小，顶部光滑，吻不突出；雌性头部背面棕黑色，颈部具黄色斑点；雄性头部背面棕红色，颌部具红色斑点。

背甲椭圆形，黄褐色，具中央嵴棱（图1-312）；后缘圆形，不呈锯齿状。

腹甲黄褐色，在胸盾和腹盾之间具韧带，把腹甲分成可活动的前半部和后半部；腹甲后缘平滑，无缺刻（图1-313）。

四肢具淡黄色至粉红色的鳞片，前肢5爪，后肢仅3爪，指、趾间蹼不明显。尾短。

图1-312　三爪箱龟的头部和背部

图1-313　三爪箱龟的腹部

4. 锦木纹龟

锦木纹龟（*Rhinoclemmys pulcherrima*）又称美鼻龟、木纹鼻龟、木纹龟、图纹木纹龟、中美木纹龟。分布于墨西哥、尼加拉瓜和哥斯达黎加。

（1）生态特性。

栖息于海拔较低的林地溪边附近，喜潮湿环境，雨后特别活跃，气候干燥时可进入溪流或水坑中泡澡。当远离水体时，它们通常寻找和进食含水分高的植物来补充水分。杂食性，以植物为主。人工饲养时，可食各种水果、蔬菜、蚯蚓、鱼、牛肉及罐装狗粮等，当给予选择时，更喜欢食植物性食物。

（2）形态特征。

头较小，棕色至微绿色；头侧有多条镶黑边的橙红色条纹；吻略突出，喙和颌部黄色，下喙和颈部有红色条纹、大的黑色斑点或环纹；其余皮肤橄榄色、黄色或棕红色。

背甲较粗糙，盾片上的年轮清晰；具中央嵴棱（图1–314）；后缘锯齿状；背甲棕色，具镶黑边的黄色或红色斑点、条纹或环斑；椎盾具黑色斑点和黄色或红色放射状条纹。甲桥纯棕色或具1条纵行的黄色宽条纹。

腹甲黄色，中央具窄至宽的黑色纵纹，腹沟可有黑色镶边；肛盾后缘缺刻（图1–315）。

四肢橄榄色，前肢具大的红色或黄色鳞片，有数排黑色斑点；指、趾间通常无蹼，如有亦为微蹼。尾短，灰褐色。

图1–314　锦木纹龟的背部

图1–315　锦木纹龟的腹部

二、陆龟

陆龟特指属于陆龟科（Testudinidae）的龟类。生活于陆地，以各种植物为主要食物。其主要形态特点是头顶部具鳞片，甲壳厚，背甲饱满而高耸，四肢粗壮，前肢扁，具大鳞片，后肢圆柱形，指、趾间无蹼。卵白色，壳厚而坚硬，保水性佳。目前养殖的陆龟主要有凹甲陆龟、黑凹甲陆龟、苏卡达陆龟和豹纹陆龟等。

1. 凹甲陆龟

凹甲陆龟（*Manouria impressa*）又称麒麟龟、龟王、山龟。国内分布于广西、云南、海南，国外分布于缅甸、马来西亚和柬埔寨。

（1）生态特性。

在自然界，栖息于山区的森林中。喜干燥环境，远离水体，依靠露水或摄食富含水分的植物来获得水分。其栖息地有月桂属植物、蕨类植物、杜鹃花及为数众多的一些附生植物。植食性，野生条件下喜食竹笋、嫩草、野果和蘑菇等。人工饲养时，可食平菇、黄瓜、西瓜、熟番薯、西红柿、包菜、苹果、香蕉及轮藻等，个别个体不仅食植物，也食瘦猪肉、牛肉和虾，但不食蚯蚓、黄粉虫及鱼。

1988年，凹甲陆龟被我国列为二级保护动物。

（2）形态特征。

头部黄色或棕色，具粉红色色素，上喙不呈钩状或略呈钩状，喙缘无细锯齿。

背甲椭圆形，黄棕色或棕色，盾片上可有黑色放射状斑块；椎盾宽径大于长径，肋盾中央凹陷（图1–316）；缘盾11枚，具黑色大斑块；所有缘盾的边缘均呈锯齿状，后部缘盾向上翻卷；臀盾2枚。甲桥宽，腋盾小，胯盾大。

腹甲宽大，黄棕色（图1–317）；可有不规则黑色斑块，前后缘均缺刻，后缘缺刻较深。每侧臀部具1圆锥形的大结节。

四肢粗壮，前肢黑色，稍呈扁平状，前部表面具叠瓦状的大鳞片；后肢棕黑色。前肢5爪，后肢4爪，爪尖锐，指、趾间无蹼。尾棕黑色，尾的末端具角质鳞。

图1–316　凹甲陆龟的背部

图1–317　凹甲陆龟的腹部

2. 黑靴脚陆龟

黑靴脚陆龟（*Manouria emys phayrei*）又称黑凹甲陆龟、黑靴凹甲陆龟、六足陆龟、黑靴、缅甸高山陆龟。分布于印度的阿萨姆邦和泰国。

（1）生态特性。

栖息于具常绿树木的高原丛林中，喜潮湿的地方，有时在较浅的山区溪流中寻找食物，但大部分时间躲藏在潮湿泥土的洞中或落叶下面。杂食性，但以植物性食物为主，喜食多纤维的植物茎叶，如红薯茎叶、蕹菜等，亦食节肢动物，偶尔也捕食小昆虫、蝌蚪、小鱼和小虾。

（2）形态特征。

头黑色，较大，具粉红色或棕色斑点，上喙略呈钩形。

背甲椭圆形，褐色；缘盾11枚，稍外翻，前后缘锯齿状（图1–318）。甲桥宽。

腹甲宽大，黄色，具黑色斑纹；喉盾较长，超过背甲前缘；腹甲后缘缺刻（图1–319）。

四肢黑色，前肢前部具大的覆瓦状鳞片。尾短，黑色，端部有一角质鳞片。

图1–318　黑靴脚陆龟的背部

图1–319　黑靴脚陆龟的腹部

3. 苏卡达陆龟

苏卡达陆龟（*Geochelone sulcata*）又称苏卡达象龟、南非陆龟、中非陆龟。该龟属大型陆龟，最大甲长达830 mm，重量达105 kg。其分布范围从埃塞俄比亚、苏丹向西穿过乍得、尼日尔和马里的干燥地区到毛里塔尼亚和塞内加尔。

（1）生态特性。

栖息于沙漠周边或热带草原等开阔干燥的地区。植食性，以多肉植物、青草、植物茎叶等为食。人工饲养时，喜吃各种瓜果蔬菜，如甘蓝、胡萝卜、蕹菜、莴苣、苜蓿、木瓜、香蕉和西瓜等。

（2）形态特征。

头中等大小，棕色，顶端具对称大鳞；上喙略呈钩形。

背甲椭圆形，棕色，每块盾片上均有淡黄色斑块；背甲隆起较高，中央平坦；无颈盾（图1-320、图1-321），椎盾的宽径大于长径，后部缘盾上翻，前后缘盾均呈锯齿状。甲桥宽，黄色，具2枚腋盾和2枚胯盾。

腹甲黄色，后缘缺刻（图1-322、图1-323）。

四肢棕色，圆柱形；前肢前部具不规则的、刺状的、覆瓦状排列成3～6纵行的大鳞片；后肢股部具2～3个大的圆锥形结节。尾短，棕色。

图1-320　苏卡达陆龟幼龟的背部

图1-321　苏卡达陆龟成龟的背部

图1-322　苏卡达陆龟幼龟的腹部

图1-323　苏卡达陆龟成龟的腹部

4. 豹纹陆龟

豹纹陆龟（*Geochelone pardalis*）又称豹龟、豹纹龟。分布于非洲，从苏丹南部、埃塞俄比亚向南穿过东非到南非的纳塔尔省及向西到安哥拉南部和西南非洲。

（1）生态特性。

栖息于具有干燥的林地、带刺的灌木丛和草地的热带稀树草原、平原及多石的丘陵地带。草食性，以植物的叶、果实以及青草、真菌等为食，特别喜欢食肉质植物。

（2）形态特征。

头中等大小，黄色或黄褐色，上喙钩形。

背甲椭圆形，隆起较高，在椎盾和肋盾上，沿着生长的年轮，具棕黑色或黑色斑块，这些斑块被网格状斑纹所包围；网格状斑纹的颜色变异很大，从黄色、黄褐色、棕色、棕红色至橄榄色，从而构成特殊的图案，似豹纹（图1–324），幼龟和亚成体更明显；缘盾具黑色斑点。背甲上斑点的颜色随着年龄的增长而逐渐消退，老年龟的背甲为黄褐色或棕色；椎盾微凸，颈盾处深度凹陷，无颈盾；缘盾每侧11枚，前后缘盾略扩展和向上翻卷；臀盾1枚。甲桥宽，具2枚腋盾，1枚胯盾。

腹甲淡黄色，胸盾沟极短，喉盾1对，厚实，稍前突；腹甲具淡棕色斑块，后缘缺刻较深（图1–325）。

四肢黄色或黄褐色，前肢前部具3～4纵行不规则形的大鳞片。尾短，黄色或黄褐色。

在养殖中，有时可见白化的豹纹陆龟（图1–326、图1–327）。

图1–324　豹纹陆龟的背部

图1–325　豹纹陆龟的腹部

图1-326　白化豹纹陆龟的背部

图1-327　白化豹纹陆龟的腹部

5. 缅甸陆龟

缅甸陆龟（*Indotestudo elongata*）又称象龟、长背陆龟、菠萝龟、黄头陆龟、红鼻陆龟。国内分布于广西，国外分布于印度、巴基斯坦、缅甸、尼泊尔、马来西亚、越南、泰国、老挝、柬埔寨。

（1）生态特性。

栖息于山丘、山岳及高原的丛林中，喜潮湿环境。杂食性，以植物为主，如花、草、野果等，也吃一些动物，如蛞蝓。人工饲养条件下，可食各种瓜果蔬菜，如木瓜、西红柿等，也食猪肝、黄粉虫等。

（2）形态特征。

头部中等大小，淡乳白色或黄绿色，顶端具对称鳞片（图1-328），上喙略呈钩形。

背甲黄棕色或橄榄色，长椭圆形，高拱，中央略平坦，椎盾、肋盾和缘盾上均具黑色斑块（图1-329）；第1枚椎盾长径与宽径几乎相等，第2枚至第5枚椎盾宽径大于长径；颈盾窄长，臀盾单枚，每侧有11枚缘盾；背甲后缘呈锯齿状，稚龟和幼龟更明显。甲桥宽，黄色，腋盾小，胯盾大。

腹甲黄色，后缘缺刻较深，每枚盾片上具不规则黑色斑块。雌性腹甲平坦（图1-330），雄性腹甲凹陷（图1-331）。

四肢棕色或橄榄色，粗壮，呈圆柱形，前肢前部具叠瓦状鳞片；前肢5爪，后肢4爪，指、趾间无蹼。尾短，其端部有一爪状的角质突。

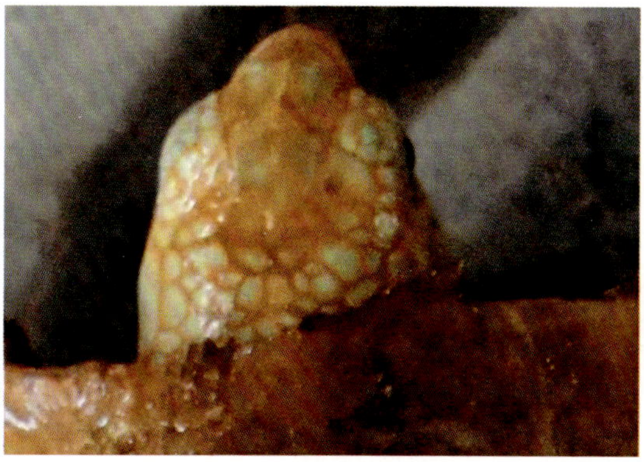

图1-328　缅甸陆龟的头部

图1-329　缅甸陆龟的背部

图1-330　缅甸陆龟雌龟的腹部

图1-331　缅甸陆龟雄龟的腹部

6. 放射陆龟

放射陆龟（*Geochelone radiata*）又称射纹龟、辐纹龟、驼背龟、菠萝龟、蜘蛛龟。分布于马达加斯加岛的南部。

（1）生态特性。

栖息于干燥的长有龙树属植物的林地中，栖息地中长有大戟属等带刺的植物。植食性，以青草、肉质植物和水果为食。人工饲养时，喜食蒲公英、苜蓿、卷心菜、大白菜、西红柿、胡萝卜、西瓜、苹果和香蕉等。

（2）形态特征。

头中等大小，黄色，有1枚大的前额鳞，头顶后部呈黑色，上喙略呈钩形。

背甲长椭圆形，棕黑色或黑色，椎盾宽径大于长径；成龟背甲向上隆起（幼龟的背甲不隆起），椎盾和肋盾的每枚盾片上有清晰的同心环纹，中央为黄色或橙色，并向四周辐射出4～12条黄色或橙色放射状条纹（图1–332），故称放射陆龟。每侧缘盾11枚，每枚缘盾具1～5条黄色或橙色放射状条纹。背甲后缘上翻，锯齿状。甲桥宽，具单枚小的腋盾和大的胯盾。

腹甲发育良好，黄色，在肱盾、胸盾、腹盾和股盾的外缘具大的黑色三角形斑块，喉盾通常无斑块，肛盾具黑色放射状条纹，腹盾也可能有黑色放射状条纹；肛盾后缘缺刻（图1–333）。

四肢圆柱形，黄色，前肢前部具覆瓦状鳞片。尾短，黄色。

图1–332　放射陆龟的背部

图1–333　放射陆龟的腹部

7. 加拉帕戈斯陆龟

加拉帕戈斯陆龟（*Geochelone nigra*）又称大象龟。分布于加拉帕戈斯群岛（Galapagos Archipelago）中的圣克鲁斯岛（Santa Cruz Island）。

（1）生态特性。

圣克鲁斯岛的气候比加拉帕戈斯群岛中的其他几个有龟的岛屿潮湿，有许多草地和树木，岩石上长着青苔和地衣。加拉帕戈斯陆龟经常躲在泥泞的洞中。植食性，白天活动，晚上在灌木丛中睡觉。

（2）形态特征。

头小，黑色，吻不突出，略呈钩状，具大的前额鳞。颈部长，黑色。

背甲卵圆形，高度隆起，黑色，前缘略呈锯齿状，后缘锯齿状；椎盾宽径大于长径；椎盾和肋盾表面粗糙，具生长年轮（图1–334）；每侧有11枚缘盾；臀盾单枚，下翻。甲桥宽，胯盾大于腋盾。

腹甲很大，黑色；肛盾缺刻（图1–335）。

四肢黑色或深灰色，前肢前部具不同大小的、叠瓦状的鳞片。尾短，黑色或深灰色。

图1–334　加拉帕戈斯陆龟的背部

图1–335　加拉帕戈斯陆龟的腹部

第二章　健康养殖技术

第一节　健康养殖的概念和主要内容

随着龟类人工养殖的发展，养殖中出现的问题也越来越多，如水域环境和水域生态污染、种质资源衰退、遗传多样性减少、养殖密度过高、药品和饲料添加剂使用不规范、营养不平衡及病害日益增多等问题，已逐渐威胁到整个养龟业的发展。因此，龟类的人工养殖必须走健康养殖之路。

一、健康养殖的概念

健康养殖是在1993年我国对虾养殖业遭受白斑综合征病毒（WSSV）重创之后才开始提倡的。在对虾的人工养殖中，20世纪90年代曾因WSSV等疾病的流行而出现滑坡，后来采取了一系列综合防病措施即健康养殖的措施，才使对虾养殖业再次兴旺，充分展现了健康养殖的魅力。

健康养殖是指根据养殖对象的正常活动、生长和繁殖所需的生理生态要求，选择科学的养殖模式，将健壮的养殖动物通过系统的规范化管理技术，使其在人为控制的生态环境中健康地生长和繁殖。

健康养殖是一项系统性工程。该工程应用生物学的基本原理，对龟类的养殖进行全面控制，提供最适宜的养殖环境，实行科学的管理模式，科学地进行投喂，采用优质饲料和优质种苗，科学调控水质，病害以防为主，科学用药，使龟类能正常生长，产品符合人类的需求。

二、健康养殖的主要内容

健康养殖是一门综合性的应用基础学科，其内容包括总体内容和具体内容。总体内容包括健康养殖的环境、设施、种质资源、技术和科学管理等方面。具体内容包括养殖的基础条件、场所、设备、环境的调控、模式、品种的选育、饲料和添加剂的应用、病害的诊断与防治技术及养殖系统的科学管理等诸多方面。

三、健康养殖应满足的条件

1. 有较好的养殖环境

龟类具有喜静怕吵、胆小怕惊的习性，故要有较安静的养殖环境，减少龟类的应激反应。

2. 有充足的养殖资源

养殖资源包括水源、土地、苗种、饲料等。

3. 养殖设施能满足养殖对象的生长和发育的需要

要根据龟类的大小和龄期修建不同的养殖池，特别是亲龟池，要满足亲龟繁殖的需要。

4. 适宜的养殖模式

根据不同的养殖环境和不同的养殖种类，选择适宜的养殖模式。

5. 营养平衡的饲料和科学的投喂技术

要选用营养平衡的优质饲料和进行科学的投喂，减少疾病的发生。

6. 有效的疾病预防措施

要做好水质处理和把好饲料关，做好检疫工作，病龟要隔离治疗。

7. 安全的养殖产品

要求养殖的产品优质、安全、无药物和重金属等有害物品的残留，此为健康养殖的关键所在。

8. 环境友好

龟类的养殖对其养殖环境无污染，养殖用水经处理后可重新利用或零排放。

第二节　健康养殖技术发展的方向

健康养殖涉及的方面很多，概括起来有环境、养殖设施、种质资源、饲料、养殖技术、科学管理及病害防治等方面。健康养殖技术的发展离不开这些方面。

一、不断优化养殖的环境

环境的好坏直接影响养殖动物的机体健康。要对养殖环境不断地进行改造，使其越来越有利于龟类的养殖，给龟类创造一个舒适的家。

二、不断规范养殖的设施和采用先进的养殖设备

根据龟类不同的生态习性，设计不同的养殖场所，尽量满足龟类健康生长和繁殖的需要。

三、开发利用优良的种质资源

龟类种质资源的好坏，直接影响到养殖的成效。要不断培育出抗病、抗逆的新品种。

四、不断研究各种养殖技术

有些龟类目前养殖还不尽人意。要加强各种养殖技术的研究，突破龟类养殖的难关和瓶颈，提高养殖的成功率，不断扩大龟类养殖的范围，为龟类迁地保护打好基础。

五、不断研发和使用优质配合饲料

优质的饲料是健康养殖的基础条件，要开发出适合于不同养殖条件和不同养殖品种的系列优质饲料、饲料投喂设备及投喂技术。

六、加强龟类生态学的研究

龟类生态学的研究是其实行健康养殖的必要条件，只有弄清楚龟类的生态习性，才能有针对性地进行健康养殖。

七、加强病害防治技术的研究

随着人工养殖的不断发展，龟的病害也不断增多，其防治措施的制定和防治技术的应用对健康养殖影响极大。水质的处理和药物的残留均与此有关，因此，加强各种龟类病害防治技术的研究非常紧迫，是今后龟类健康养殖技术发展的重要方向。

第三节　龟类健康养殖技术

健康养殖技术涉及养殖过程中的各个方面。在龟类的养殖中，主要包括如下方面：

一、养殖环境的优化

不同的龟类具有不同的养殖模式。如淡水龟类有温室养殖、外塘养殖（图2–1）、室外池养殖（图2–2）、室内池养殖（图2–3、图2–4）、庭院养殖（图2–5）及楼顶养殖（图2–6）等。陆栖龟类和海栖龟类均有不同的养殖模式。但不管采用哪一种养殖模式，在健康养殖中，均要求要有优良的养殖环境，包括龟池的设计要合理、龟的放养密度要适宜、环境要安静等，最好进行不同程度的绿化，让龟感觉舒服，能健康地生长和繁殖，这样可减少病害的发生，有利于健康养殖。

图2–1　外塘养殖

图2-2　室外池养殖

图2-3　室内池养殖

图2-4　室内循环水养殖

图2-5　庭院养殖

图2-6　楼顶养殖

二、水质的净化

龟类的养殖离不开水，即使是陆龟，也需要喝水和泡澡，因此，水质的处理至关重要。水栖龟类大部分时间均在水中度过，水质的好坏直接影响龟类机体的健康。

1. 应用循环水

在日常养殖中，水质的污染主要由饲料和龟类的排泄物所致。可应用流水或循环水来净化水质（图2-7、图2-8）。

图2-7　用循环水净化水质

图2-8　龟池中的循环水

2. 应用流动的清洁水

有条件的地方可采用自然界中不断流动的清洁水体，池底铺以鹅卵石（图2-9、图2-10），周围种植绿色植物，模仿自然界的小溪流水，可取得良好的养殖效果，龟类在此环境下养殖时很少患病。

图2-9　铺有鹅卵石的清洁水体

图2-10　流动的清洁水体

3. 放养水生植物

在水中放养一些水生植物，如水浮莲、水葫芦等（图2-11），既可净化水质，又可为龟提供遮阴。

图2-11　龟池中放养水葫芦

图2-12　龟池中放养鱼

4. 龟鱼混养

在外塘养殖时，可龟鱼混养，既可保持良好的水质，又可提高经济价值。在室内等养殖池中，也可进行龟鱼混养（图2–12），利用鱼来清除残饵和龟的粪便。

三、优质饲料的投喂

龟类的养殖离不开饲料。通常应用的饲料有鲜活饲料、冰鲜饲料及配合饲料等。鲜活饲料包括蔬菜及水果等植物性饲料和昆虫（如黄粉虫）、蚯蚓、虾、鱼、螺类及各种肉类等动物性饲料。冰鲜主要为鱼类。配合饲料的营养较全面，营养密度较高，各种营养成分的比例较合适，且经高温消毒，为龟类的首选饲料。可以配合饲料投喂为主，鲜活饲料或冰鲜为辅。饲料应新鲜，不能变质，很多龟病均为投喂不新鲜的饲料所引起。

四、科学的管理

在龟类的人工养殖中，必须进行科学的管理。科学的管理包括日常观察及记录、防病措施、药物使用管理、冬眠管理、加温养殖管理、养殖用水排放管理及捕捞运输管理等内容。

1. 日常观察及记录

每天早、晚要巡视龟池，要定时清理饲料投喂点，清除残饵。要把巡视结果记录下来，以便及时发现问题并及时处理。要注意水质的变化，如水质变坏，应及时更换。

2. 防病措施

要采取综合性防病措施，以预防为主，无病先防，有病早治。龟类对疾病的耐受性较强，发病早期较难发现，待病征明显时通常已到疾病晚期，较难治疗。

3. 药物使用管理

在龟病的治疗中，要正确地选择药物，防止乱用药和滥用药。要注意药物的使用剂量，剂量过小起不到治疗作用，剂量过大则产生副作用或毒性作用。

4. 冬眠管理

冬眠前要加强营养，冬眠期要采取适当的保护措施，要预防天敌的伤害。体质较弱的龟不宜冬眠，可加温养殖。有病的龟也不能冬眠，要进行治疗。

5. 加温养殖管理

稚龟和体质差的龟在冬天可加温养殖，但要注意温度不能过高，一般为28℃～29℃，每天投喂1次即可。温度过高会使龟在生长过程中出现畸形，投喂次数过多会造成营养过剩，出现脂肪肝。

6. 养殖用水排放管理

要做到健康养殖，其养殖用水必须做到零排放或循环使用，不能造成对环境的污染。

7. 捕捞运输管理

在捕捞和运输的过程中，操作要轻柔，处理要适当，尽量减少对龟类的伤害和应激反应，减少疾病的发生。

五、优良品种的选育

龟类的养殖很多均从小群体开始，很容易出现近亲繁殖和种质退化的现象；也有一些养殖场的同一种龟类是从多个不同的地方买来的，出现种质混杂现象。因此，龟类的提纯复壮和优良品种的选育非常必要。选育和推广优良品种养殖，既不增加劳力和生产设备，又可提高品质，增加产量，为健康养殖打下坚实的基础。

六、微生态制剂的应用

微生态制剂又称为微生态调解剂、益生素、促生素、增生素和生菌素等，它是利用从养殖动物体内或其生活环境中分离出来的有益微生物，采用特殊工艺制成的活菌制剂。微生态制剂具有无毒副作用、无污染、无残留和低成本等优点，可抑制病原微生物的生长，提高养殖对象自身的免疫力，维持养殖水体的生态功能平衡，减少疾病的发生，有利于健康养殖的实现。不同的微生态制剂，其使用剂量不同，在实际应用时，可按市售说明书进行操作。但使用微生态制剂时，一定要注意有益菌的数量和活力。

七、有害微藻的控制

藻类个体大小悬殊，其中，只有在显微镜下才能分辨其形态的微小藻类被人们称为微藻（microalgae）。微藻广泛分布于海洋和淡水湖泊等水域，其细胞中含有蛋白质、脂类、藻多糖、β－胡萝卜素和多种无机元素（如Cu、Fe、Se、Mn、Zn）等营养成分及化工原料。微藻的蛋白质含量超过60%，是单细胞蛋白（SCP）的一个重要来源。

（一）微藻的特点

（1）具有叶绿素等光合器官，能十分有效地利用太阳能，通过光合作用将H_2O、CO_2和无机盐转化为有机化合物。

（2）单细胞结构，呈群体或丝状，大多数是浮游藻类。

（3）种类繁多，分布极其广泛。

（4）在海洋、淡水湖泊等水域，或是潮湿的土壤、树干等处，在有光及潮湿的任何地方都能生存。

（5）生长周期短，可直接利用阳光、二氧化碳和含氮、磷等元素的简单营养物质快速生长，富含蛋白质、脂肪、碳水化合物、维生素及矿物质。

（6）对水有净化作用，可应用于龟类养殖中。

（二）微藻的作用

1. 维持养殖池生态平衡，减少病害发生

在龟类养殖池的物质循环系统中，养殖动物是整个系统运转的核心，浮游微藻、浮游动物、微生物、生物团粒、饵料或配合饲料、水体营养盐等，是物质循环过程中不可缺少的重要组成部分。在不同生物物种之间，存在着摄食、竞争、寄生、共栖和共生的复杂关系网，它们之间相互依存、相互转化，共同维持着池塘水体生态系统的平衡状态，使养殖动物能够健康地生活在其中。

2. 改良水质，促进龟类健康生长

在龟类的养殖过程中，科学地调控和优化水体环境，维持良好的水质对保证养殖成功率、提高养殖效益具有极为重要的作用。在养殖池内，环境因子可分为非生物与生物两大类。非生物环境因子又可分为物理因子与化学因子。与龟类养殖密切相关的水体理化因子主要包括水色、透明度、溶解氧、氨氮、亚硝酸盐、酸碱度、硫化氢、化学耗氧量等。除了养殖动物外，生物环境因子还包括浮游微藻、浮游动物和微生物等多种生物。其中影响池塘水体生态环境的主要生物因子包括浮游微藻、浮游动物和微生物。

微藻在龟类养殖池中占有重要位置，它对于维持池中生物链的正常功能，稳定池塘环境是不可缺少的。微藻在种群持续稳定过程中，可促进水体中营养盐的分解与转化，减少并消除氨氮、亚硝酸氮及有机污染物等多种有毒物质，而且还可通过光合作用产生氧气，提高溶氧水平，促进水体中有机质的氧化分解，保持养殖生物链的良性循环，达到改善水质的目的。微藻可使水体pH值升高，从而促进细菌的矿化作用，在细菌的作用下使H_2S变成无毒的硫酸盐。特别是硅藻，对降低氨氮与亚硝酸氮效果较为显著。因此，在养殖池中微藻的存在可改良水质和促进龟类健康生长。

3. 增强龟类抗病能力

龟类养殖过程中，疾病的发生与龟机体抗病力和其环境因素有密切的关系，其中环境因素起重要作用，它不仅影响病原体的数量，也影响龟的抗病能力。通过微藻生态调控技术来改善养殖环境，可提高养殖对象的抗病力，减少病害的发生，保证养殖产品的质量和安全性。

（三）有害微藻的控制措施

微藻可分有益微藻与有害微藻，绿藻和硅藻为优势的微藻群落，有利于维持良好的水体环境，为常见的有益微藻。在以蓝藻为优势的水体中，养殖动物生长缓慢且易患病，故池塘中的大部分蓝藻多属于有害微藻。微藻和微生物是水产养殖生态系统中极其重要的两个组成部分，而且两者之间存在着密切的物质转化关系，微生物的代谢产物可为微藻生长提供营养和必要的生长因子。但有些种类的微生物和微藻之间存在相互抑制的情况。一旦微藻生态平衡被打破，有害微藻过度繁殖或环境中的微藻种类过于单一，则既不利于促进养殖生物链系统的良性循环、保持养殖环境的相对稳定，也不利于维持良好的水质环境，进而严重影响养殖动物的健康水平。

养殖池的蓝藻优势多出现在养殖中后期，此时水中氮含量不断升高，水体富营养化明显，为蓝藻的生长提供了有利条件。

控制蓝藻的措施有：

（1）在养殖初期，定向培育以绿藻或硅藻为优势的优良微藻群落，并维持其数量或生物量优势，利用微藻种间生态竞争效应抑制蓝藻的生长。

（2）在养殖全过程中，合理使用光合细菌等微生态制剂及水体改良剂，净化水质和通过菌藻生态竞争抑制蓝藻的大量繁殖。

八、水体中有益细菌的培养

近年来对水体消毒有了新的看法，认为水体消毒剂会污染环境，而且将有益细菌也杀死了，有害细菌很快繁殖并占优势，使水质恶化，造成龟类产生感染性疾病。在有害细菌较多的情况下使用微生态制剂和微藻调控技术也很难取得很好的效果。如在进水口中将流入养殖池中的水体先进行过滤和紫外线消毒，将水体中的所有病原体杀死，然后输入有益细菌，这样，养殖池的水体中只含有益细菌而无有害细菌，有益细菌很快就大量繁殖而成为优势菌群，在以后的龟类养殖中可抑制有害细菌的繁殖，从而取得防病效果，只要定期补充有益细菌就可以维持健康的养殖环境，真正达到健康养殖的目的（图2-13）。这是今后健康养殖的发展方向。

目前，广东英锐生物科技有限公司已生产出“杀菌—微生系统平衡一体机”，经广东省水产经济动物病原生物学及流行病学重点实验室检测，证明其杀菌效果显著（图2-14～图2-16）。

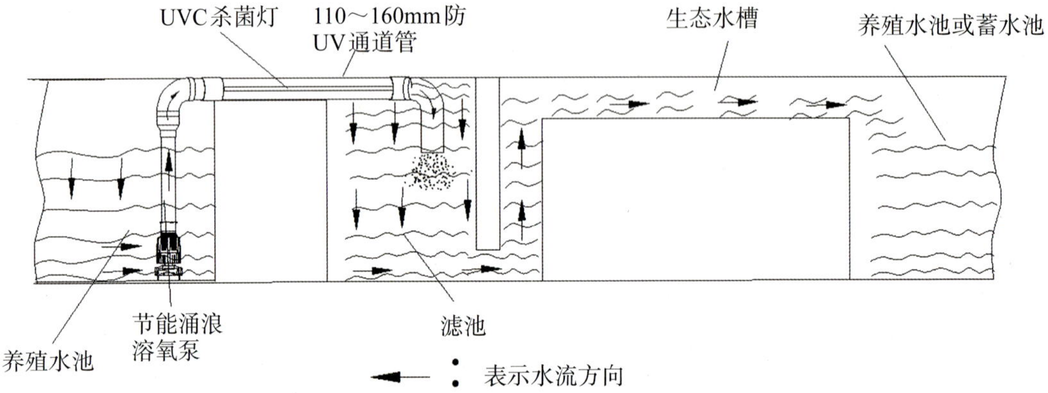

图2-13　节能环保水净化生态系统示意图

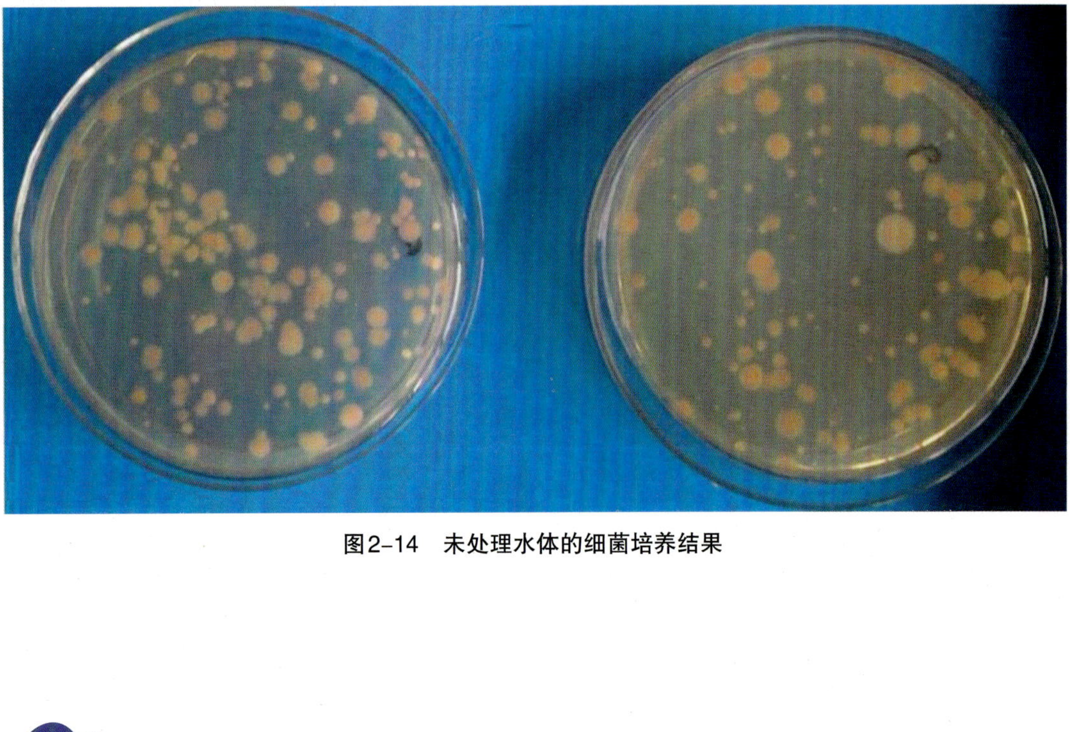

图2-14　未处理水体的细菌培养结果

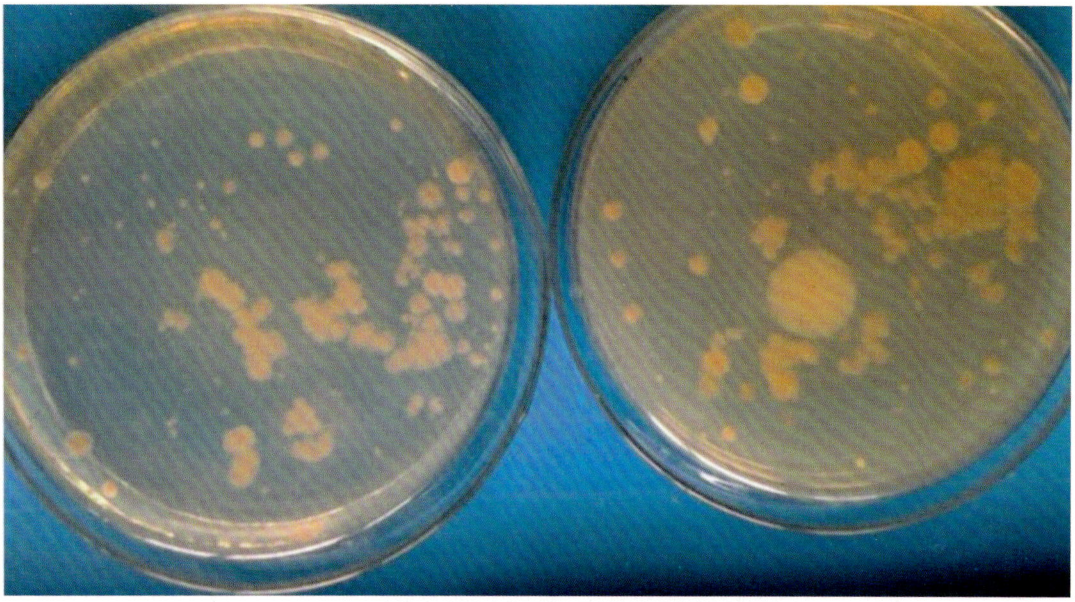

图2–15　水体只经过滤处理1h后的细菌培养结果

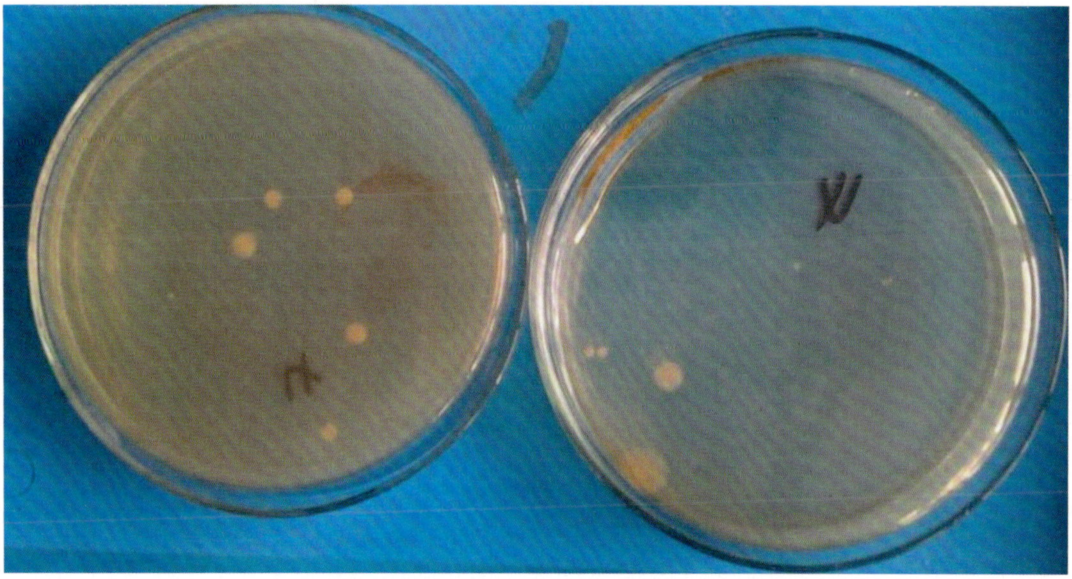

图2–16　水体经过滤和紫外线杀菌4 h后的细菌培养结果

从细菌培养结果可知，未经处理的水体可培养出大量的细菌；只开启过滤功能1 h后，虽然水体可以快速变清澈，但对水体细菌含量没有影响，仍可培养出大量的细菌；经过滤和开启紫外线杀菌灯4 h后，水体细菌含量可显著下降两个数量级。

第四节　龟类养殖场、研究所及公司介绍

一、茂名市电白区星火水生野生动物繁育场

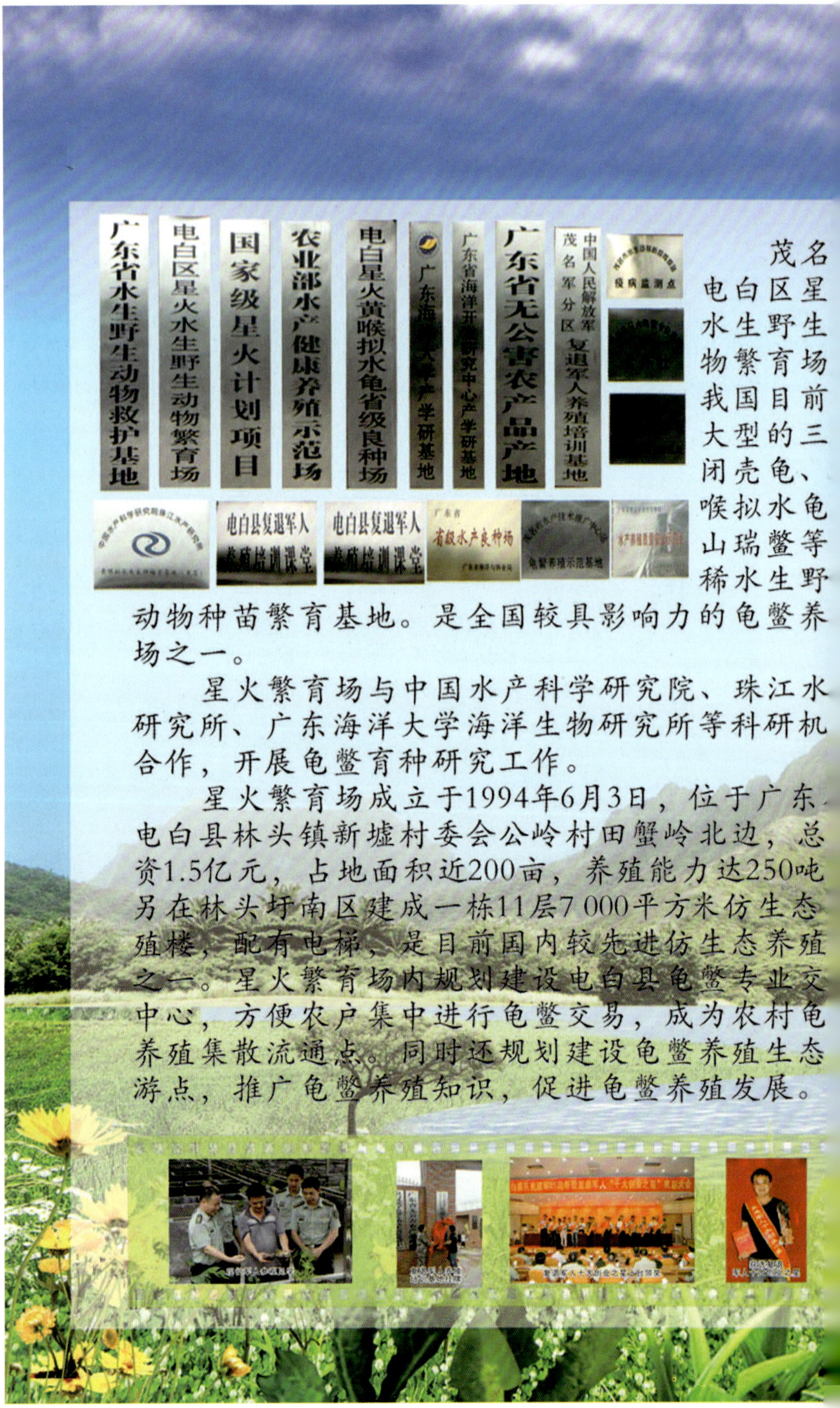

星火繁育场环境优美、水源充足，符合《农产安全质量无公害水产品产地环境要求》和《渔业质标准》要求，并于2007年12月30日通过了无公产地认证。2008年6月3日获农业部“无公害农业品证书”2009年5月18日纳入广东省水生野生动救护网络，加挂“广东省水生野生动物救护基”牌子。2010年7月25日获“国家级星火计划项证书”。星火繁育场在

线闭壳龟、黄喉拟水龟、瑞鳖等品种养殖过程中，改良子二代公母比例失，提高产蛋量和繁殖孵化，防病治病等方面开展了深的探索和研究，积累了丰富的验和先进的养殖技术。2014年11月获“广东省省级产良种场”称号。

“星星之火，可以燎原。”星火繁育场在不断发展大过程中，注重回馈农村、回馈社会。场内专门划建设了250个扶贫养殖池，无条件为周边贫困户提供养殖服务，帮助他们脱贫致富。杨火廖总理于2010年11月14日应军事写作学会邀请参加在民大会堂新闻发布厅举行的《走出军营的老兵》版发行暨赠书仪式，并向首长及中央军委领导汇自己的创业体会。

星火水生野生动物繁育场杨火廖场长向来宾讲解金钱龟的养殖

星火水生野生动物繁育场的正门

星火水生野生动物繁育场

星火水生野生动物繁育场的一部分

地址：广东省电白区林头镇 电话：0668-5255088 13709622563 13828645551
E-mail：katrinalin@126.com 网址：www.bzgb.net

二、东莞市茶山金龟唛名龟研究所

金龜嘜

著名中青代名龟养殖爱好者袁金标，受家庭的医学氛围影响，利用自己年轻时学习的农科专业、动植物学、畜牧兽医学以及水产学的基础知识，积极精心钻研各种名龟的繁养。经全体金龟唛人员10多年的努力，现在基本掌握了金钱龟、黑颈乌龟、安南龟、石金钱龟等龟种的生理、生物学特性，针对繁殖技术、防病治病、品种品质鉴定、提纯复壮、仿生态健康养殖技术以及大规模化生产养殖技术等，均建立了一套完善的独特核心技术体系。

2012年，袁金标成立了东莞市茶山金龟唛名龟研究所。其宗旨是：坚持以科学研究发展的指导思想，大力比拟提倡生态健康养殖电类动物，从而使龟类资源更有效的保护和增长。

金龟唛养殖的名龟种类包括：三线闭壳龟（越南、中国种）、黑颈乌龟、黄喉拟水龟、安南龟。辅养的名龟种类有：黄缘闭壳龟、线纹安布龟等。另外，研究所拟发展养殖多种名龟的杂优品种。

金龟唛金钱龟

在中国是先有金钱龟，1825年才依据广东一只剥制标本形态命名为三线闭壳龟。这种龟在我国近代南方以港、澳、台华侨或权贵富人多用之，经历代验证无论是药用功效还是综合比值均为中之首。

金龟唛黑颈乌龟
又名广东草龟，在广东与金钱龟同期被民间大众用之。因体黑，一直不被人们重视。经历史验证发现其药用价值与生产力价值非常高而被发掘。
金龟唛安南龟
实际是越南水（草）龟。我国从业人员过去不了解此龟，近年其以生产力强、体态优美而被大众认同热捧，市场价值不断攀升，超越石金钱龟。
金龟唛石金钱龟
在我国先有石金钱龟，于1842年才国际命名为黄喉拟水龟。祖辈们给起了这么一个重要份量的名字，足见此龟在民间的认可程度之高。去除“石”字便为金钱龟了，该龟种群较大，养殖技术广普成熟，已成为行业支柱品种。
地址：广东省东莞市茶山镇坑口村工业区
电话：0769-86867133　13602370939 袁先生
邮箱：314439006@qq.com
网址：http://www.dgjgm.com

三、东莞市缘绿养殖有限公司

地址：广东省东莞市大岭山镇太公岭村莞长路段73号

邝总联系电话：13922981988

网址：www.gui66.jqw.com

东莞市缘绿养殖有限公司是一家集龟类繁养、龟业研究、龟鳖销售、野味餐饮、休闲农庄等为一体的公司。龟场位于广东省东莞市大岭山镇太公岭村，现阶段养殖并销售的品种有数十种，包括：黄喉拟水龟、黄缘闭壳龟、三线闭壳龟、黑颈乌龟、安南龟、安布闭壳龟、斑点池龟、鳄龟、锦龟、日本拟水龟、三棱黑龟、纳氏伪龟、黄头侧颈龟、圆澳龟、扁头长颈龟、木纹龟、欧洲泽龟、黄耳彩龟、木雕龟、大麝香龟、黄额闭壳龟、齿缘摄龟、平胸龟、粗颈龟、乌龟、日本乌龟、中华鳖等。该公司建有龟池100多个，配有专业的孵化室、隔离室以及位于连平村风景秀丽的天池山庄，共占地约4 000平方米。

缘绿养殖有限公司以生态化的养殖模式为特色，以网络化的推广方式带动市民共同致富。养殖的产品主要销往广东省内、福建、湖南、海南等地。该公司凭借健康优质的种龟、龟苗和良好的商业信誉及售后服务，得到广大客户群的一致好评。2013年东莞市缘绿养殖有限公司总经理邝暖春当选为东莞市龟业研究会副会长与中国渔业协会龟鳖产业分会副会长。养殖场的全体员工在邝总的带领下正向生态高端农业、循环生物链经济的道路迈进。

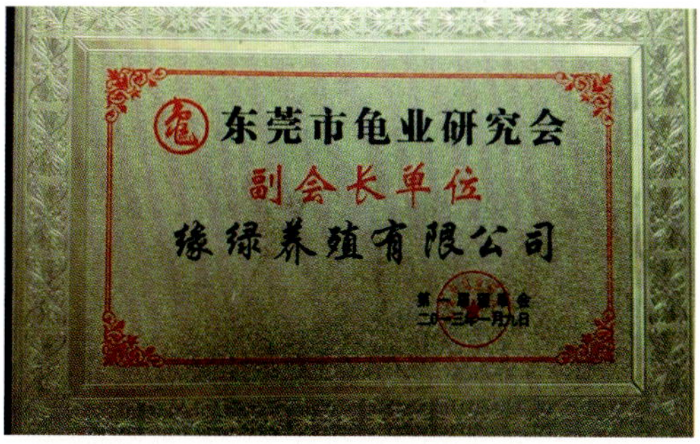

缘绿养殖有限公司的天池山庄是大型生态农庄，以前是用来打石的石场，现在建有龟池和招待贵宾、来客、龟友的场所。山庄依山傍水，环境优雅，风景优美，是一个工作之余非常适合放松身心的好去处。

四、溢泓生态农业

溢泓生态农业
YI HONG ECOLOGICAL AGRICULTURE

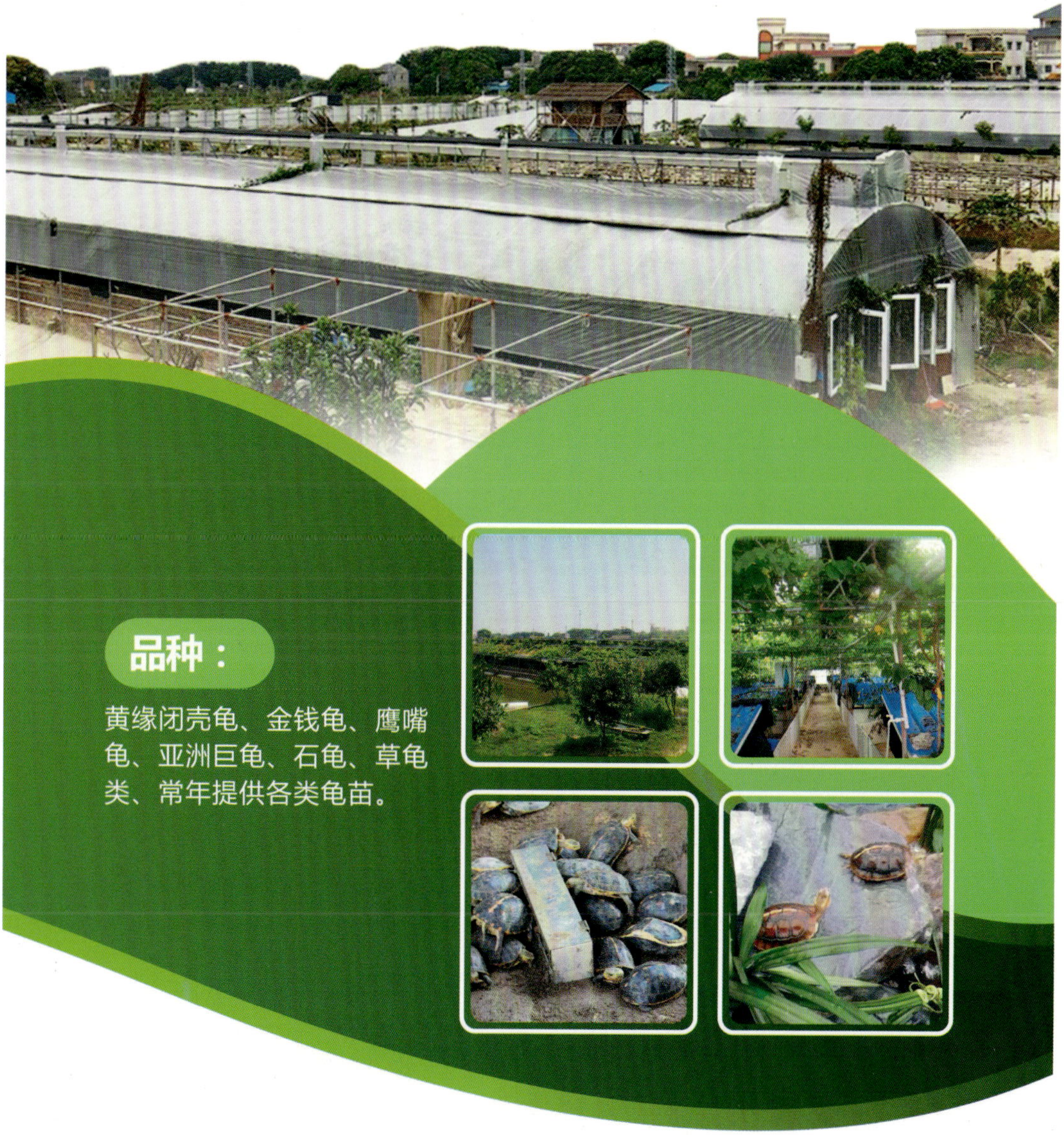

溢泓生态农业
YI HONG ECOLOGICAL AGRICULTURE

湖南场地：怀化市会同县坪村镇　电话：18244844677

广东场地：佛山市顺德区均安镇南沙村　电话：13077424677　联系人：曾先生

参考文献

［1］方堃，李贵生，唐大由．孵化温度对乌龟性比的影响［J］．水利渔业，2000（1）：5～6.
［2］何松榕，吴秋华．养龟致富之图解石金钱龟养殖［M］．广州：羊城晚报出版社，2014.
［3］黄启成，李本旺，王广军等．中华花龟的生物学特性及人工繁育养殖技术［J］．黑龙江水产，2011（5）：9～11.
［4］李贵生．乌龟稚龟的生长研究［J］．水利渔业，2005（1）：23～25.
［5］李贵生．红耳龟的人工养殖［J］．暨南大学学报（自然科学与医学版），2001（5）：127～130.
［6］李贵生，邓德明，顾博贤．龟中奇葩黑颈乌龟［M］．广州：暨南大学出版社，2014.
［7］李贵生，方堃，唐大由．3种龟卵的孵化研究［J］．水利渔业，2001（3）：17～19.
［8］李贵生，方堃，唐大由．安南龟的养殖技术［J］．水利渔业，2002（3）：19～44.
［9］李贵生，方堃，唐大由．乌龟与黄喉拟水龟稚龟的比较［J］．水利渔业，2002（6）：10～11.
［10］李贵生，唐大由．三线闭壳龟的人工保育［J］．四川动物，2000（3）：149～150.
［11］李贵生，唐大由．三线闭壳龟繁殖生态的研究［J］．生态科学，2002（2）：112～114.
［12］李思发．中国淡水鱼类种质资源和保护［M］．北京：中国农业出版社，1996.
［13］李卓佳，曹煜成，杨莺莺等．水生动物微生态制剂作用机理的研究进展［J］．湛江海洋大学学报，2005（4）：99～102.
［14］李卓佳，王少沛，曹煜成等．地衣芽孢杆菌与3种微藻生长的相互影响［J］．农业环境科学学报，2009（4）：839～844.
［15］罗勇胜，李卓佳，杨莺莺等．光合细菌与芽孢杆菌协同净化养殖水体的研究［J］．农业环境科学学报（增刊），2006（S1）：206～210.
［16］史海涛．中国贸易龟类检索图鉴（修订版）［M］．北京：中国大百科全书出版社，2011.
［17］王一军．周氏闭壳龟的人工繁殖［J］．四川动物，2008（1）：25.
［18］王育锋，王玉新，周嗣泉等．龟鳖高效养殖与疾病防治技术［M］.北京：化学工业出版社，2014.
［19］汪建国.鱼病学［M］.北京：中国农业出版社，2013.
［20］吴相钰，陈守良，葛明德．陈阅增普通生物学（第4版）［M］．北京：高等教育出版社，2014.
［21］杨火廖，潘志，周峰婷．杨火廖教你学养龟［M］.北京：中国农业出版社，2014.
［22］周婷．龟鳖分类图鉴［M］．北京：中国农业出版社，2004.
［23］周婷，陈如江．西氏长颈龟生物学和养殖技术［J］．水产养殖，2007（6）：33～34.
［24］周婷，李丕鹏．中国龟鳖分类原色图鉴［M］.北京：中国农业出版社，2013.
［25］周婷，王伟．中国龟鳖养殖原色图谱［M］.北京：中国农业出版社，2009.